SUSTENTABILIDADE E EDUCAÇÃO

um olhar da ecologia política

EDITORA AFILIADA

Questões da Nossa Época
Volume 39

Dados Internacionais de Catalogação na Publicação (CIP)
(Câmara Brasileira do Livro, SP, Brasil)

Loureiro, Carlos Frederico Bernardo
  Sustentabilidade e educação : um olhar da ecologia política /
Carlos Frederico Bernardo Loureiro. – São Paulo : Cortez, 2012. –
(Coleção questões da nossa época ; v. 39)

  Bibliografia.
  ISBN 978-85-249-1866-7

  1. Desenvolvimento sustentável 2. Ecologia política 3. Educação
ambiental 4. Movimentos sociais I. Título. II. Série.

12-00764   CDD-304.2

Índices para catálogo sistemático:

1. Ecologia política : Sustentabilidade e educação : Educação
    ambiental   304.2

Carlos Frederico Bernardo Loureiro

SUSTENTABILIDADE E EDUCAÇÃO
um olhar da ecologia política

1ª edição
1ª reimpressão

SUSTENTABILIDADE E EDUCAÇÃO: um olhar da ecologia política
Carlos Frederico Bernardo Loureiro

Capa: aeroestúdio
Preparação de originais: Jaci Dantas
Revisão: Amália Ursi
Composição: Linea Editora Ltda.
Coordenação editorial: Danilo A. Q. Morales

Nenhuma parte desta obra pode ser reproduzida ou duplicada
sem autorização expressa do autor e do editor.

© 2012 by Autor

Direitos para esta edição
CORTEZ EDITORA
Rua Monte Alegre, 1074 – Perdizes
05014-001 – São Paulo – SP
Tel.: (11) 3864-0111   Fax: (11) 3864-4290
E-mail: cortez@cortezeditora.com.br
www.cortezeditora.com.br

Impresso na Índia – fevereiro de 2014

A humanidade socializada, em aliança com uma natureza mediatizada, transforma o mundo em lar.

Ernst Bloch

Dedicatórias

Aos companheiros(as) do Laboratório de Investigações em Educação, Ambiente e Sociedade — LIEAS/UFRJ, que materializam nossos sonhos e me ensinam cotidianamente o que é ser solidário.

Ao povo da Bahia, terra do encantamento e das profundas experiências, com quem aprendi e vivenciei alguns dos momentos mais importantes de minha vida.

A todos e todas que não desistiram das utopias e das lutas por uma sociedade justa, fraterna e igualitária.

Agradecimentos

Aos incansáveis orientandos e companheiros de jornada, Leonardo Kaplan e Rodrigo Lamosa, pelo apoio e sugestões feitas, que permitiram aprimorar o texto.

À ex-doutoranda, brilhante orientanda, atual doutora com todos os méritos, e grande amiga, Cláudia Cunha, pelo estímulo e valiosas contribuições dadas ao texto.

À ekedi Sinha pelo acolhimento de mãe e carinho com que me recebeu, e por suas sábias palavras que me levaram a ter certeza das recentes escolhas e caminhos seguidos.

Sumário

Apresentação 13

Ecologia Política: qual é a sua questão? 17

A natureza da política na ecologia política 31

Caracterização do que é "bem comum" e público no
debate ambiental 41

Os movimentos sociais e as lutas ambientais 47

Sustentabilidade: de que, para quem, para o quê? 55

Sustentabilidade e educação 75

A educação ambiental brasileira: afirmando posições.... 81

Algumas sugestões de atividades de Educação
  Ambiental 91

Glossário 107

Referências bibliográficas 123

Apresentação

Após muitos anos formulando sobre educação ambiental, resolvi escrever um novo livro com teor mais ampliado, sem deixar, contudo, de dialogar com o universo da educação, que indiscutivelmente é um componente indispensável de qualquer movimento emancipatório. A motivação para isso se deu ao constatar que o tão propalado desenvolvimento sustentável, incorporado pelos mais diversos agentes sociais em seus discursos, tinha se tornado uma panaceia, uma solução "caída do céu", com baixa problematização sobre suas premissas e meios de realização. Afinal, será que teríamos alcançado um consenso sobre os rumos a serem seguidos pela humanidade?

Diante dessa pergunta, entendi que era necessário produzir algo que contribuísse para as reflexões sobre as (im)possibilidades de se construir a sustentabilidade, enquanto ideia que prega uma vida social digna no presente sem comprometer a vida futura, no marco (ou a partir) de uma sociedade desigual, cujo modo de produção não é compatível com o metabolismo natural e seus ciclos ecológicos.

No título do livro procurei enfatizar, para além das dimensões da educação e da sustentabilidade, que este foi elaborado sob o olhar da ecologia política. Se educação e sustentabilidade já são conceitos incorporados com vários sentidos no senso comum, é fato que a ecologia política é, no Brasil, ainda pouco conhecida daquele interessado pelas questões ambientais.

Então, há uma dupla intenção ao trazer a ecologia política para o título. Primeiro, a de levar a público um conceito e uma discussão fundamental para quem quer politizar os debates em torno da sustentabilidade. Segundo, a de enfatizar seu próprio significado estratégico.

A ecologia política se refere, nada mais nada menos, do que ao estudo e o reconhecimento de que agentes sociais com diferentes e desiguais níveis de poder e interesses diversos demandam, na produção de suas existências, recursos naturais em um determinado contexto ecológico, disputando-os e compartilhando-os com outros agentes. E é nesse movimento dinâmico, contraditório e conflituoso, que uma organização social se estrutura e é estruturante das práticas cotidianas e é ou pode ser superada.

O conceito será mais bem explicado no primeiro capítulo do livro, mas aqui quis chamar a atenção para a sua pertinência atual. Em tempos de relativismo absoluto e redução da realidade à linguagem, que levam à noção de que tudo começa e se esgota na ética e ao desprezo pelas mediações econômicas que definem nossa sobrevivência, recuperar a materialidade dos processos sociais e da natureza é fundamental para não perdermos a dimensão concreta e histórica dos discursos ambientais que buscam se afirmar como verdades.

Portanto, o objetivo do livro é claro: apresentar um panorama do tema em foco, ajudando o leitor a entendê-lo e a se situar no cenário atual, e negar qualquer possibilidade de se construir alternativas sustentáveis, em termos ecológicos e sociais, com base em linhas de argumentação muito utilizadas e repetidas sem o mínimo de criticidade. Estas se definem em pelo menos uma das seguintes alegações, geralmente postas de modo conjugado: apelos éticos, como se os valores morais existissem em si mesmos, desconsiderando as relações sociais; falsos consensos que expressam a imposição ideológica de verdades de classes ou frações de classes controladoras do mercado e de certos aparelhos do Estado; crença dogmática de que a tecnologia e a ciência resolverão os problemas ambientais, como se fossem produzidas e utilizadas de forma neutra, em nome do bem da humanidade e da proteção à vida.

Estes argumentos, que por vezes são trazidos junto com uma boa descrição fenomênica da crise que vivenciamos, ao se apresentarem como caminhos alternativos, geram ilusões simplificadoras do real e sensações de que se cada um quiser tudo se resolverá. Basta querer! Só que a complexidade de nossa existência não permite que enfrentemos os desafios atuais por meio de proposições que se colocam como soluções óbvias...

Em consonância com a tradição crítica, a constituição do ambiente como bem comum, a produção de condições dignas para todas as pessoas sem destruir a base natural e o respeito à diversidade cultural, pressupostos para uma sociedade sustentável, se dão por meio de movimentos sociais e ações coletivas e cotidianas, pelos quais formamos nossas individualidades, que objetivam rupturas com os padrões atuais de sociabilidade. E é nesse processo, em sua unidade complexa, que se pode apreender a relevância, sim, mas não somente, da ética, da ciência, da tecnologia e do comportamento individual.

Para a tradição com a qual me identifico, não há consenso universal ou verdade prévia, salvacionismo ou sociedade perfeita. Há disputas por hegemonia entre projetos de sociedade portados por sujeitos, construindo a realidade social e a verdade histórica em seu dinamismo.

Em termos de organização do livro, inicio com uma retomada da ecologia política e da noção de sustentabilidade, apresentando algumas de suas questões centrais, para em seguida trazer a educação ambiental para o cerne da discussão, evidenciando os nexos necessários entre os temas. Ao final, indico algumas possibilidades de atividades práticas de cunho educativo, vinculando-as aos conceitos trabalhados, que mostram caminhos problematizadores e um pequeno glossário, como forma de ilustrar e contribuir para esclarecer conceitos muitas vezes repetidos, mas pouco compreendidos.

Assim, não quero defender nenhum "preciosismo teórico", fruto de discussões circunscritas à universidade e meios acadêmicos, mas colaborar para que se entenda que nem sempre as pessoas estão querendo dizer a mesma coisa quando repetem conceitos e ideias. E que, portanto, o discernimento disso é uma condição elementar para nos posicionarmos, nos identificarmos com certos grupos sociais e não com outros e para que tenhamos a autonomia intelectual ao agir em nome de convicções e causas que julgamos importantes.

Termino esta apresentação sintetizando o espírito do livro ao recordar aquela que é, no meu julgamento, uma das mais célebres afirmações de Marx:

"A crítica arrancou as flores imaginárias das correntes, não para que o homem as suporte sem fantasias ou consolo, mas para que lance fora as correntes e aprecie a flor viva".

Rio de Janeiro, agosto de 2011.

O autor

Ecologia Política: qual é a sua questão?

O que o debate ambiental traz de novo nos anos 1960, contexto histórico de surgimento do ambientalismo e particularmente da ecologia política? Na verdade, não foram as grandes questões relativas à natureza ou à vida (o que é a natureza, quem somos nós, o que é a vida, o que é o certo e o errado, o bem e o mal, o verdadeiro e o falso etc.), posto que são questões que estão presentes nas discussões filosóficas, religiosas e científicas desde o período pré-socrático (2500 anos antes de Cristo). O novo estava na incorporação do ambiente enquanto categoria estratégica e central para se discutir os estilos de vida e a estrutura social em um planeta pela primeira vez visto como limitado. Ou seja, o sentido inovador estava na associação entre o ambiental e a política, em colocar a natureza como categoria fundamental para se pensar a produção e a organização da sociedade (Dupuy, 1980). Afinal, não casualmente, as perguntas de fundo na época eram: o que é preciso produzir e consumir para sermos felizes? Qual é o meu direito em satisfazer certas necessidades culturais e simbólicas quando isso pode afetar a vida de outro? Qual é o direito que tenho de ver as demais espécies estritamente de modo utilitário? As outras espécies possuem direitos? Qual é o sentido da existência humana no planeta? Como produzir respeitando os ciclos naturais e satisfazendo as necessidades vitais humanas?

Para ilustrar a profundidade das indagações feitas, que continuam atuais e centrais para os debates sobre os rumos da sociedade, vale a pena recuperar duas afirmações clássicas, que foram manifestadas por importantes interlocutores do debate ambiental.

Na França, em 1972, Hebert Marcuse, então expoente de grande aceitação entre movimentos sociais e na chamada nova esquerda, declara no debate "Ecologia e Revolução":

> ... a luta ecológica esbarra nas leis que governam o sistema capitalista: lei da acumulação crescente do capital, criação duma mais-valia adequada, do lucro, *necessidade* de perpetuar o trabalho alienado, a exploração... a lógica ecológica é a negação pura e simples da lógica capitalista; não se pode salvar a Terra dentro do quadro do capitalismo... é indispensável mudar o modo de produção e de consumo, abandonar a indústria da guerra, do desperdício, e substituí-los pela produção de objetos e serviços necessários a uma vida de trabalho reduzido, de trabalho criador, de gosto pela vida... Não se trata de converter a abominação em beleza, de esconder a miséria, de desodorizar o mau cheiro, de florir as prisões, os bancos, as fábricas; não se trata de purificar a sociedade existente, mas de a substituir... (Mansholt e Marcuse et alii, 1973: 51 e 52).

Em 1980, Cornelius Castoriadis, também intelectual de uma esquerda vista como renovada, no debate "Luta Antinuclear, Ecologia e Política", realizado em Louvain-a-Hova (Bélgica), comenta:

> O que o movimento ecológico pôs em questão, de seu lado, foi outra dimensão: o esquema e a estrutura das necessidades, o modo de vida. E isto constitui uma superação capital daquilo que pode ser visto como o caráter unilateral dos movimen-

tos anteriores. O que está em jogo no movimento ecológico é toda a concepção, toda a posição das relações entre humanidade e o mundo, e finalmente, a questão central e eterna: o que é a vida humana? Vivemos para fazer o quê? (Castoriadis e Cohn-Bendict, 1981: 24).

O detalhe interessante a se observar é que este movimento da ecologia política, feito por sujeitos identificados à esquerda, cujas reflexões estão sintetizadas nas passagens reproduzidas anteriormente, surge na Europa. Ora, se lá o patamar médio de atendimento às necessidades era o mais elevado entre os continentes, principalmente naquele momento de supremacia do modelo de Estado de Bem-Estar Social (Estado forte, regulador da lucratividade do mercado, distribuindo riquezas no atendimento dos direitos sociais), por que se colocaram tais indagações? Logo onde um projeto civilizatório industrial, urbano e produtor de mercadorias parecia ter saído vitorioso?!

Exatamente porque foi no contexto europeu da reorganização das lutas sociais do século XX que certos movimentos e organizações sociais e grupos de intelectuais, ao reconhecerem que há limites nas relações materiais e energéticas que estabelecemos socialmente com a natureza, colocaram em questão a viabilidade de uma existência alienada, destrutiva, acumuladora de riquezas. Diante da crescente e inquietante poluição, esgotamento dos bens naturais e ampliação da miséria, para estes grupos não havia mais dúvidas: só se pode produzir e oferecer certas mercadorias consideradas essenciais para o conforto moderno a partir da reprodução de relações sociais desiguais. Só se pode considerar como legítimos certos estilos de vida quando se ignora a indigência de milhões. Ou seja, a grande contradição explicitada pela ecologia política foi: só é possível sustentar certo padrão de vida para alguns em detrimento do péssimo padrão de vida para outros e com base no uso abusivo da natureza. E isso é eticamente abominável e materialmente insuportável (Gorz, 1976). Em resumo, a constatação era a de que no marco da sociedade capitalista urbano-industrial, a sustentabilidade da riqueza traz o seu reverso: a sustentabilidade da pobreza!

A denúncia era aguda e inquietante: a expropriação e o avanço deste padrão societário estavam levando a um estado de alienação radical do ser humano em relação ao seu produto, em relação a si mesmo, ao outro e à natureza — foi a isso que Marcuse chamou de imbecilização. Talvez uma palavra forte demais para qualificar a alienação, um tanto quanto pejorativa, mas em grande medida expressava o sentimento da época diante das evidências.

A separação sujeito-mundo havia se objetivado como nunca antes.

E aqui vale um alerta. Já se vão quase cinquenta anos desde essas primeiras reflexões e denúncias e o padrão de desigualdade entre países e classes não se alterou significativamente.

Vejamos alguns dados que comprovam esta afirmação....

Entre 1970 e 2000, 35% da biodiversidade foi extinta e um terço da população continua a viver na miséria. Desde 1980, os confortos materiais advindos do modo de produção capitalista e o padrão de consumo concentrado em menos de 20% da população total gerou uma demanda de recursos naturais em 25% acima da capacidade de suporte do planeta!

Das quinhentas maiores empresas multinacionais, 92,5% encontram-se nos EUA, Europa, Canadá e Austrália, cabendo ao Brasil quatro destas (menos de 1%) — sendo que três das quatro listadas são instituições bancárias (Banco do Brasil, Bradesco e Itaú) e uma é do setor energético (Petrobras) (Sader, 2006).

A situação se agrava diante do fato de os cinco maiores países produtores de armas serem do conselho de segurança da Organização das Nações Unidas (ONU).

Com a brutal acumulação de riquezas, em 2006 a classe dominante mundial concentrava em 946 pessoas um patrimônio de aproximadamente US$ 3,5 trilhões (três trilhões e meio de dólares), o que equivale ao rendimento de 50% da população mundial. Mais da metade destes (quinhentos e vinte e três pessoas) encontravam-se nos EUA, Alemanha e Rússia. O Brasil apresentava vinte representantes dentre as maiores fortunas, com riqueza líquida de US$ 46,2 bilhões (quarenta e seis bilhões e duzentos milhões de dólares), o que equivale à riqueza de oitenta milhões de brasileiros mais empobrecidos (http://www.counterpunch.org/petras03212007.html).

Em 2009, 1,02 bilhão de pessoas apresentava desnutrição crônica; em 2008, 884 milhões não tinham acesso à água potável e 2,5 bilhões continuavam sem sistema de saneamento; em 2006, 218 milhões de crianças trabalhavam em condições de escravidão (http://www.atilioboron.com/2010/05/sepa-lo-que-es-el-capitalismo.html).

Sozinho, os EUA são responsáveis por 30% de todo o consumo mundial, enquanto a África (um continente inteiro com mais do que o triplo da população norte-americana!) representa apenas 1% do PIB e 5% do consumo mundial e 3% do total de emissões de gases responsáveis pelo aquecimento global, com mais da metade da população vivendo abaixo da linha da pobreza e um processo de degradação difícil de ser revertido.

Preocupante?

Complemento, então, esse cenário com uma projeção feita com base na chamada "pegada ecológica"*. A sua ques-

---

* Detalhes sobre a medida e os dados apresentados podem ser vistos em: www.wwf.org.br.

tão motivadora para se fazer os cálculos é: quanto de terra produtiva, como fonte de recursos e área de resíduos, é preciso para sustentar uma dada população, considerando o padrão médio de consumo atual? O resultado chega ao número de 1,8 hectare por pessoa para atender às nossas necessidades. A metodologia utilizada tem por parâmetro basicamente: terra para alimentação, produção de biomassa e construções urbanas. Alguns afirmam ser isto muito restritivo. Provavelmente sim, mas de qualquer forma é um modelo de referência que usa aspectos preponderantes e razoavelmente próximos da realidade, e que dá um patamar médio, sem exageros para mais ou para menos.

Assim, com esses cálculos e projeções da "pegada ecológica", mesmo que com as críticas feitas, verificamos que, mantido o modelo atual de produção e organização social, precisaríamos de inacreditáveis cinco planetas para que todos consumissem como os norte-americanos (lembrando que lá também há profundas disparidades de classe) ou dois e meio se seguíssemos os europeus (valendo o mesmo lembrete aqui). Enquanto isso, se o padrão fosse africano ou asiático, precisaríamos de menos de um, e se fosse latino-americano, um pouco mais de um planeta.

Isso significa que o padrão de vida africano, asiático e latino-americano, no que se refere ao atendimento de necessidades materiais básicas e garantia de direitos, é satisfatório? Certamente que não. Não se consome menos nesses continentes e regiões porque as sociedades são autônomas e independentes na criação de modos de vida mais sustentáveis. A situação observada decorre de injustiças relativas a como os processos econômicos globais são desigualmente distribuídos, dentro de uma lógica de subordinação e dependência no capitalismo (Harvey, 2004). Quanto mais crescem os setores industriais e de serviços nos chamados países centrais, mais se demanda matéria-prima, produção agrícola, extração mineral e produção de energia nos chamados países periféricos. E essas atividades exigem uma relativa reprimarização da economia em países da América Latina e África, alvos de grandes programas de infraestrutura e estímulo ao agronegócio e à exportação com base em enormes sacrifícios humanos e naturais (Leher, 2007).

A consequência é catastrófica: a velocidade da produção e consumo de mercadorias, que se expande pelo mundo, é incompatível com os tempos de recomposição da natureza, principalmente em relação aos materiais considerados primários ao desenvolvimento econômico (solo, água, cobertura vegetal, minérios etc.). Nessa sociedade, milhões têm suas vidas condenadas à indigência, outras espécies são destroçadas pelos caprichos das elites e seus imorais sensos estéticos, enquanto alguns regozijam a opulência dos bens materiais gerados em nome do desperdício e do prazer fútil e imediato.

Diante disso, será que a radicalidade ambientalista dos anos 1960 era um exagero? Será que a ecologia política nasceu pregando o catastrofismo? Sinceramente, creio que não e considero que a profundidade de suas questões e o realismo de suas denúncias e afirmações deva ser defendida e não amenizada, como tem ocorrido em amplos setores ambientalistas mais recentemente.

Retomando a caracterização da ecologia política dos anos 1960, sem esquecer a barbárie em andamento, a atualidade das inquietações e o alerta feito...

Nos primórdios da ecologia política, a questão para os grupos da época que reconheciam a determinação social dos problemas ambientais não estava, todavia, na capacidade humana transformadora da natureza. Havia clareza de que o cerne do problema não estava em nossa capacidade de criar meios de vida e satisfazer necessidades, mas em como isso se dava e para quais fins se realizava. E o que é uma determinação social de um problema ambiental? Algo determinante é algo tendencialmente relevante ou algo sem o qual não se entende o conjunto das relações sociais em um contexto ou as causas de um fato (Lukács, 2010). Logo, o determinante era e continua sendo o modo de produção capitalista, que estabelece como prioridade a acumulação de riquezas e não a satisfação de necessidades vitais.

Entender isso é decisivo. Afinal, criar meios de vida é uma exigência para a manutenção de nossa espécie, e colocar a causa de destruição nesse ponto é recair no paradoxo de ter que se defender o fim da humanidade para que o planeta continue a existir. Ora, esse raciocínio que foi e de certa forma ainda é comum a certos grupos ambientalistas é repleto de erros, sob o prisma da ecologia política.

Vamos explicar tais equívocos, pois são decisivos para uma compreensão crítica do debate ambiental e nelas se situa a questão da sustentabilidade.

Do ponto de vista ético, é incongruente responsabilizar a "essência humana", uma vez que leva a uma defesa do fim da vida de uma espécie natural para garantir a vida das demais espécies igualmente naturais. Além de ser moralmente inaceitável, qual seria a solução em termos práticos? Eliminação da vida a partir de certa idade? Esterilização de todos e todas? Ou há algum critério obscuro que permita selecionar quem pode viver e quem não pode? Na prática, recordo que projetos que se diziam preocupados com a proteção ambiental para justificar o controle da natalidade, mas com motivações ideológicas autoritárias, acabaram por implantar ações de esterilização de mulheres em zonas pobres do planeta e tentaram justificar grandes índices de mortalidade em tais áreas com base em processos seletivos naturais. Ora, a seleção feita é social e histórica e não natural e, em sendo social, sob quais princípios morais pode ser defendida?

Do ponto de vista histórico, é inaceitável culpar o humano como algo homogêneo, já que o que qualifica a ação predatória não é a ação humana abstratamente, mas modos específicos de relações sociais que determinam formas de uso e apropriação da natureza, pautadas na exploração intensiva do trabalho e dos recursos vitais disponibilizados pela natureza. Portanto, não faz sentido afirmar que a transformação da natureza é um problema, mas faz sentido sim afirmar que modos específicos de produção, territorialmente determinados, levam a transformações insustentáveis sob o prisma social e ecológico.

Há ainda um último aspecto a se considerar sob o olhar político-ideológico: afirmar e naturalizar o discurso de que a humanidade degrada não é algo neutro ou ingênuo. Ao ser propagado, permite que se faça uma leitura aparente, fenomênica, da crise, sem se buscar os nexos causais de fundo. E isso nos leva a não atribuir responsabilidades específicas a classes, grupos, governos e Estados nacionais que interferem de modo desproporcional no processo de uso da natureza. Até mesmo em textos científicos que primam pelo rigor da pesquisa fica-se na superficialidade e em um raciocínio tautológico (os homens degradam, logo, a degradação é causada pelos homens). É frequente em estudos ambientais variados se ler uma lista de impactos ambientais tendo como causa os chamados efeitos antrópicos. Ou seja, efeitos da ação humana. Mas qual homem e mulher? Todos igualmente? Quem causa o quê? Quem gera o quê? Nunca se fala isso... É como se fosse indiferente para a atitude gerencial e técnica... Não por acaso viram soluções mágicas que servem a todos os interesses.

Certa vez ouvi um empresário afirmar em um evento de educação ambiental que a destruição começou quando o primeiro *Homo sapiens* derrubou a primeira árvore. Ora, essa é a típica afirmação ideológica para se fugir à responsabilidade e atribuir à espécie o que é próprio a formações socioeconômicas historicamente criadas: pessoas degradam sob certas relações sociais. Não há pessoas que degradam fora do tempo, do espaço e de relações concretas. O problema está na utilização de uma árvore para sobreviver ou está na apropriação dos recursos naturais para fins de acumulação de riquezas? Ou como nos diz uma máxima do movimento ambientalista, usamos os recursos planetários para produzir arados ou canhões?

Quando se fica no genérico como explicação ou afirmando algo que pretensamente explica tudo, não se explica coisa alguma. E sem nexos explicativos não há como politicamente se cobrar de quem quer que seja efetivas medidas superadoras dos problemas identificados. Fica-se no apelo ao bom senso (sem estabelecer os processos para chegar lá) e na crença de que a tecnologia resolverá os efeitos de nossa ação.

Vamos a mais um exemplo...

É conhecido que o problema da fome não é técnico e sim do modo de produção e distribuição. Os meios de comunicação são utilizados para se defendendo o agronegócio e os transgênicos como alternativas tecnologicamente viáveis para produzir mais alimentos, enquanto necessidade para se eliminar a fome no mundo. O tempo passa e os argumentos se repetem. Falou-se isso para justificar a Revolução Verde nos anos 1970 no Brasil. Biomas foram reduzidos, a produção intensificada e ampliada e a fome se perpetuou, mesmo tendo diminuído consideravelmente com os programas sociais no governo Lula, mas não na proporção em que se aumentou a produção (e no cenário internacional, a situação ficou mais grave). Para isso, basta lembrar que produzimos cerca de 25% acima do que seria necessário para atender a toda a população brasileira.

A alimentação hoje depende basicamente de 15 espécies vegetais e 8 animais, sendo que o processo produtivo a estas associado se concentra em grandes corporações, grandes proprietários e no agronegócio. Em paralelo, uma criança morre em média a cada cinco segundos no mundo por fome! Já passamos da impressionante marca de mais de 1 bilhão de famintos, segundo a Organização das Nações Unidas para a Agricultura e a Alimentação (FAO).

Com o monopólio das sementes (e do novo modo de produção do conhecimento a ele associado) a produção tende a se dissociar da reprodução e, assim, a segurança alimentar perseguida por cada grupamento humano durante todo processo de hominização, passa a depender de algumas poucas corporações que passam a deter uma posição privilegiada nas novas relações sociais e de poder que se configuram. (Porto-Gonçalves, 2004: 5).

O ponto que não é admitido ao colocar a ênfase nas tecnologias é o de que se ignoram as relações e os agentes que as geram e as utilizam, e os fins para que se produz. O fato é que a "fome convive hoje com as condições materiais para resolvê-la" (Porto-Gonçalves, 2004: 1) e continua se tentando justificar o injustificável.

Mais recentemente, vi argumentação similar ocorrer na condução dos debates sobre Mudanças Climáticas. O diagnóstico é perfeito: há alteração significativa do clima e isso muda toda a geopolítica e a geoeconomia. No momento das proposições de ações para políticas públicas que possam reverter tal cenário, não se sai de três fórmulas ilusórias quando pensadas fora do contexto econômico e político-institucional: desenvolvimento da ciência, aplicação de tecnologia limpa e adoção de comportamentos pessoais "ecologicamente corretos". Depois de tantas décadas se denunciando a destruição, quais são os interesses que prevalecem e que impedem que se pense a ciência, a tecnologia e o comportamento no contexto social mais amplo?

Assim, as "medidas corretivas" contempladas em grandes encontros festivos — como a reunião de 1992 no Rio de Janeiro — acabam em malogro, pois estão subordinados à perpetuação de relações de poder e interesses globais estabelecidos. Causalidade e tempo devem ser tratados como brinquedos dos interesses capitalistas dominantes, não importando a gravidade dos riscos implícitos. O futuro está implacavelmente e irresponsavelmente confinado ao horizonte muito estreito das expectativas de lucro imediato. Ao mesmo tempo, a dimensão causal das condições mais essenciais da sobrevivência humana é perigosamente desconsiderada. (Mészáros, 2002: 223).

É com base na linha histórica de argumentação anteriormente feita e nas indagações expostas que o ambientalismo em geral incorporou o conceito de sustentabilidade, antes restrito às ciências biológicas, tal como será visto no próximo capítulo, e que se firmaram os fundamentos e premissas da ecologia política.

Para tanto, no plano do conhecimento, a ecologia política vai sintetizar a crítica à economia política e as questões postas pelo ambientalismo. E o que representa isso? Sem dúvida, uma ousada combinação que traz desafios inerentes a qualquer campo novo que não pretende fazer uma leitura não fragmentada da vida social, mas produzir uma teoria ampla desta, em diálogo com ciências e saberes.

A economia política nasce no século XVII, "ganha corpo" com Adam Smith e David Ricardo no século XVIII e é radicalmente criticada e revista no século XIX com Marx (que supera os clássicos, entre outros motivos, ao instaurar uma análise historicizada de categorias antes postas como naturais: dinheiro, lucro, capital, propriedade privada, salário, mercadoria etc.). É um campo do conhecimento que busca estabelecer uma teoria do conjunto da vida social, por meio da compreensão do funcionamento da sociedade, fornecendo elementos para a discussão e formulação de políticas adotadas nos Estados nacionais. Seu objeto é a própria atividade econômica, ou seja, como satisfazemos necessidades produzindo, distribuindo e consumindo bens.

A perspectiva adotada no livro, inspirada em Marx e que faz a crítica da economia política, de modo distinto à concepção clássica, situa tais finalidades no marco da sociedade atual ao analisar o movimento do capital. O objetivo, com isso, é gerar conhecimentos e a compreensão do próprio modo de funcionamento societário enquanto condição para a intervenção política superadora das condições estruturais determinadas pelas relações sociais capitalistas.

A ecologia política se apropria dessa proposta (e seus métodos, críticos ou não) e, tal como dito na apresentação, focaliza a atenção nos modos pelos quais agentes sociais, nos processos econômicos, culturais e político-institucionais disputam e compartilham recursos naturais e em qual contexto ecológico tais relações se estabelecem. Em certo sentido, atualiza o tipo de análise feita, ao considerar como fator determinante, junto à atividade econômica, a base natural, condição primária para a própria realização de trabalho e criação de cultura.

O diferencial da ecologia política não está na aceitação da natureza como condição para a produção, pois isso é inerente a qualquer análise econômica, mas no modo como esta é qualificada. Aqui, a natureza é vista não somente como fonte de recursos, mas como ontologicamente prioritária para a existência humana, aquilo que nos antecede e que de nós independe, cuja dinâmica ecológica, mesmo que por nós mediada e transformada, precisa ser conhecida e respeitada a fim de que o modo de produção seja compatível com sua capacidade de suporte e de regeneração (Foladori, 2001).

Assim, na ecologia política não se fala na existência de populações sem considerar uma territorialidade estabelecida. Ou seja, antes se pensava na atividade econômica de um grupo e sua viabilidade social. Agora, isso precisa ser situado em qual ecossistema, os limites disso, e em qual território (Little, 2002). Exemplo: os extrativistas seringueiros só podem ser compreendidos por meio do trabalho que realizam em um tipo específico de floresta, numa relação direta com uma espécie que condiciona não só a economia gerada, mas a própria cultura e organização deste grupo. Modo de produção e modo de vida se definem dialeticamente, portanto.

E não sem motivo, acabam se tornando forte objeto de estudos e sujeitos da prática política ambientalista as chamadas comunidades e populações tradicionais e grupos outros cujos modos de vida se definem claramente na relação com a natureza e se contrapõem a visões de mundo que mercantilizam a vida e dicotomizam sociedade-natureza (quilombolas, pequenos agricultores, extrativistas, ribeirinhos, caiçaras etc.).

Nesse ponto da argumentação iniciada com o relato histórico, se a complexidade ecológica-social exige que pensemos, defendamos e legitimemos projetos de sociedades que possam se afirmar como sustentáveis, a política se torna essencial aos debates. Se não é qualquer modo de produção que pode ser sustentável, quais seriam? Quais culturas se mostram mais compatíveis com o respeito pelo natural? Mas antes de mergulhar nessa discussão, vamos refletir um pouco sobre o próprio sentido de política...

A natureza da política na ecologia política

> Os excluídos não devem ser incluídos (...) no antigo sistema, mas devem participar como iguais em um novo momento institucional (a nova ordem política). Não se luta pela inclusão, mas sim pela transformação.
>
> *Enrique Dussel*

Para Dussel (2007), a política é a atividade humana que organiza e promove, na dimensão pública, os processos pelos quais nos estruturamos em sociedade, tendo no Estado um importante meio para o cumprimento de suas finalidades, uma vez que é a instância social que tem a prerrogativa de universalizar direitos e responsabilidades, validar e instituir práticas. O ser político é parte constitutiva das experiências humanas. A política se faz nas práticas sociais, no âmbito das instituições do Estado ou contra este no marco da sociedade contemporânea (Progrebinschi, 2009).

É verdade que há muitas discussões recentes em torno da centralidade ou não do Estado na política em um contexto de globalização do capitalismo, em que o poder se diversifica e se exerce em várias dimensões. Para uns, a expansão da tecnologia e da comunicação cria outras formas de ação política fora do Estado; para outros, esta nova dinâmica não afeta a centralidade do Estado na reprodução dos interesses do mercado, das formas de dominação internacionais e, contraditoriamente, para a garantia do acesso e universalização de direitos considerados básicos para a dignidade humana e para a preservação ambiental, sendo um espaço estratégico para as lutas e conquistas sociais.

Seja como for, o que interessa aqui é entender que há, de fato, uma "refuncionalização" do Estado nas últimas três décadas e que, para além da discussão sobre sua centralidade ou não, junto a outras formas de fazer política este continua a ter indiscutível relevância para a organização da vida social e, portanto, para a prática política nas mais diferentes escalas (Castells, 1999; Chesnais, 1996). Ou seja, o que defendo não é um esvaziamento das estratégias de ocupação ou superação do Estado, mas a complexificação da política, incorporando novos elementos e práticas em relações ou não com o Estado, dependendo do objetivo da ação. O fato concreto é que quando pensamos em mudanças estruturais e univeralizantes, o Estado não pode ser ignorado; quando pensamos em ações localizadas e de efeito estritamente no cotidiano, o Estado pode ser secundarizado, mas não esquecido.

Quando associamos estes argumentos com as discussões ambientais, a relevância da política se explicita imediatamente. Estou afirmando, desse modo, que nossas escolhas individuais sempre remetem a condicionantes históricos (culturais e econômicos) e ecológicos e nossos atos implicam consequências de ordem pública que afetam interesses, percepções, significados, desejos e possibilidades pessoais e de outros.

Mais ainda, mesmo que a ênfase de análise ambiental esteja em processos subjetivos e da linguagem, nas significações e nos discursos, algo um tanto comum em certas leituras da ecologia política e da educação ambiental, para a perspectiva assumida, não só é inconcebível pensar o ambiente sem considerar a dinâmica ecossistêmica, como o é separar discurso (linguagem) de prática social e contexto ecológico (Alier, 1998). Discurso é prática social, materialidade que não se confunde com atividade puramente individual nem é algo reflexo de determinações econômicas. E, mais, expressa correlação de forças sociais, relações de poder e hegemonia e qualifica posições e projetos políticos em disputa na sociedade. Nenhum discurso é neutro.

Enquanto crítico, aqui a leitura que faço é dialética. Como nos diz Fairclough (2008), o discurso é condicionado pela estrutura social e é socialmente constitutivo. Assim, "a constituição discursiva da sociedade não emana de um livre jogo de ideias nas cabeças das pessoas, mas de uma prática social que está firmemente enraizada em estruturas sociais materiais, concretas, orientando-se para elas" (idem, 2008, p. 93).

Logo, para o olhar crítico da ecologia política, a realidade não se resume à linguagem e nem a realidade é apenas fragmentos singulares e caóticos, um jogo aleatório de acontecimentos, sem historicidade. É um movimento contraditório em que o estrutural se dilui por suas próprias contradições e pela atividade dos agentes sociais. Não há certezas absolutas, mas também nem tudo é incerteza, combinações aleatórias que esvaziam os sujeitos, levando a um sentimento de que só resta a resistência individual, em que as ações coletivas ficaram no passado. Há certezas provisórias, verdades que emergem dos atos na história, sendo transformadas pela mudança da sociedade e dos indivíduos. Assim, evitamos a paradoxal certeza de que só há incertezas, e a frágil certeza de que a realidade e a verdade são exclusivamente objetivas. Para a dialética, não há apenas desconstrução, mas construção e posicionamentos que podem e devem ser superados pela práxis. Portanto, há ação intencional e política sem certezas que se pretendem válidas para a eternidade, mas que são válidas para o momento e que permitem a construção do novo sem que este possa ser antecipado, apesar de poder ser desejado e imaginado a partir do concreto vivido. Ilustrando a questão política para auxiliar na argumentação.

Uma pessoa pode dizer que zela pela natureza e que faz sua parte ao ter certos hábitos de consumo e comportamentos "ecologicamente corretos" na destinação dos resíduos gerados em sua atividade. Contudo, é preciso lembrar que as escolhas são marcadas por nossa história e por nosso *status* de classe.

E o que é *fazer história*? Cito uma sintética definição de Marilena Chaui:

> ... o modo como homens determinados em condições determinadas criam os meios e as formas de sua existência social reproduzem ou transformam essa existência social que é econômica, política e cultural [...] Nessa perspectiva, a história é o real, e o real é o movimento incessante pelo qual os homens, em condições que nem sempre foram escolhidas por eles, instauram um modo de sociabilidade e procuram fixá-lo em instituições determinadas (família, condições de trabalho, relações políticas, instituições religiosas, tipos de educação, formas de arte, transmissão de costumes, língua etc.). Além de procurar fixar seu modo de sociabilidade através de instituições determinadas, os homens produzem ideias ou representações pelas quais procuram explicar e compreender sua própria vida individual, social, suas relações com a natureza e com o sobrenatural. (Chaui, 2006, p. 23).

Ou seja, o que consideramos como sendo uma justa qualidade de vida se refere a um padrão historicamente construído que implica, principalmente em uma sociedade marcada por uma ideologia de consumo, como a atual, possibilidades de acesso e uso configuradas pela assimetria social e pela naturalização de culturas dominantes (Bourdieu, 2007, 2005). Quantos da classe média se perguntaram sobre o sentido de se comprar roupas em um shopping center? Ou mesmo por que se compra tanta roupa? A quais interesses atende a lógica de concentração de lojas em shoppings mesmo sabendo-se que representam gastos energéticos e materiais equivalentes a cidades inteiras de pequeno e médio porte? Por que para uns ir a estes espaços de consumo é tão natural e para outros é algo inacessível não só no sentido de consumir mercadorias, mas até mesmo de poder circular? Aí a violência da desigualdade não é somente econômica, mas igualmente simbólica (Padilha, 2007). A mensagem é clara: "Venha! Você é livre para consumir, circular e desejar tudo e todos! Mas há uma condição: tem que ter dinheiro no bolso...". A mensagem é perversa: é produto de um circuito acelerado de produção econômica e de desejos que associam felicidade a consumo de mercadorias, a partir da ilusão de que um dia todos terão muito dinheiro para comprar o que quiser. O que vale, portanto, é a competição e a frivolidade das relações.

Quando escolhemos como justo o uso de um carro, deixamos de nos perguntar, na grande maioria das vezes, qual o custo ambiental da produção em larga escala de tal bem e quais impactos resultam da sua aceitação "universal" enquanto opção de deslocamento e garantia do direito de ir e vir. Por que trens, metrô, hidrovias e ciclovias não aparecem para a sociedade com o *glamour* dos carros? Por que poucos lembram que no Brasil o milagre de crescimento econômico nos anos 1950 se baseou na abertura do mercado para o setor automobilístico e que este vendeu a ilusão de que era sinônimo de progresso? As cidades vão se tornando inviáveis em termos de deslocamento e se continua a ter como projeto de vida um carro do ano.

Quando falamos que o problema da água se resolve com comportamentos pessoais de uso racional (banho de sete minutos, lavar louça fechando torneira, não lavar calçadas com mangueira etc.), medidas válidas e indiscutivelmente necessárias, tendemos a esquecer que aproximadamente 90% da água utilizada se encontra na produção (industrial e agrícola). Que quando compramos algo, muita água foi utilizada na sua produção; que quando comemos, grande parte do custo ambiental está na água e na terra apropriadas para a produção de alimentos sob a lógica do agronegócio.

Assim, ao se tomar a decisão política de investir na geração de energia e alimentos para exportação, poucos se lembram de que não só deixamos de alimentar os que aqui habitam, mas também que exportamos natureza utilizada e transformada em mercadoria (principalmente água, nutrientes e solo) quando se opta por uma decisão que aparece para o público apenas como decorrente da gestão racional da produção.

A verdade é que ao separarmos no plano mental consumo de produção, ao não pensarmos nem compreendermos a cadeia produtiva como um todo, consolidamos a primazia da escolha do indivíduo (reduzido à condição de consumidor) sobre o debate público e as ações coletivas. Em uma sociedade que fragmenta a realidade, o resultado é a perda da capacidade de nos enxergarmos como indivíduos sociais, seres que só são sujeitos por estarem inseridos na vida social.

A sociedade é uma totalidade contraditória, que pressupõe a indivisibilidade sociedade civil/Estado, sendo determinada pelo modo de produção capitalista na presente fase do desenvolvimento humano. Logo, achar que é suficiente a mudança individual e exclusivamente localizada e espasmódica, ilustradas nas conhecidas "experiências bem-sucedidas", é ter uma concepção evolucionista, sem bases concretas do que ocorre na sociedade.

Estou querendo dizer que não temos direito a "livres" escolhas ou qualquer tipo de satisfação pessoal? Não! Concluir isto é se utilizar de uma leitura muito simplória da complexidade da realidade, do tipo "tudo ou nada". No mais, estou procurando afirmar exatamente que precisamos lutar por condições que permitam a efetiva liberdade e realização do potencial criador humano.

O que estou dizendo, portanto, significa afirmar que a liberdade é mediada pela satisfação de necessidades e por nossa responsabilidade pelo que é comum a todos. Significa dizer que se uma pessoa quer ter dignidade de vida, isso não pode implicar impedimento deste direito a outrem ou aprofundar a devastação planetária, e é na arena pública, na prática política junto ao Estado ou não e na objetivação de relações econômicas igualitárias, que podemos encontrar alternativas realistas, democraticamente concebidas, e justas socialmente. Algo que pressupõe a defesa de movimentos sociais com teor de classe e a construção de canais de participação em espaços públicos para a discussão e decisão sobre investimentos em determinados tipos de tecnologias que precisam ser desenvolvidas e, principalmente, sobre quais bens necessitam ser produzidos, a forma como isso se dá e como eles se tornam acessíveis às pessoas. E é nesse contexto que nos movimentamos e realizamos nossas mudanças pessoais, indiscutivelmente relevantes para o processo, mas que não podem ser realizadas fora das condições objetivas e de relações que resultam em opressão e expropriação.

Nesse mesmo sentido, cabe um breve comentário sobre o sentido de felicidade, que vem acoplado ao debate da pluralidade. É outra palavra frequentemente pronunciada em falas que buscam a afirmação do indivíduo como fim em si mesmo do processo educativo. Nada contra a felicidade, pelo contrário! Se há algo que marca a cultura moderna é sua busca junto com a da liberdade, da igualdade e da afirmação da diversidade! Só que felicidade se relaciona à liberdade existencial (ser não somente livre de algo, mas também livre para realizar algo) e à autonomia (condição de decisão livre do indivíduo acerca do que deve fazer). Isso quer dizer que o desejo de felicidade se vincula às necessidades humanas materiais e simbólicas (a como satisfazê-las no âmbito de uma determinada organização social que define quem tem acesso a o quê) e mais especificamente à consciência da necessidade.

Portanto, não é uma questão de escolher entre o valor subjetivo ou a condição objetiva, ou considerar que a vontade de se viver feliz suplanta as desigualdades, formas de opressão e injustiças. A prática cotidiana exige a complexa integração dessas duas dimensões em seu movimento de mediação dos sujeitos no ambiente e de problematização e atuação na realidade. O fato é que liberdade e necessidade formam um par indissociável da atividade humana na configuração das relações sociais, cujas possibilidades individuais se situam no marco de cada sociedade, considerando aí como o Estado opera e legitima certas relações sociais.

É por isso que a reflexão trazida pela ecologia política não permite soluções do tipo "receita de bolo" (faça assim e tudo se resolverá, adote tal comportamento e seus problemas acabarão, se todos repetirem tal experiência o mundo será melhor...), ou "autoajuda" (seja bom e o mundo será bom, ame a natureza e ela agradecerá, sorria e seremos felizes...), principalmente se considerarmos que instituir o novo exige profundos movimentos de ruptura e transformação das condições existentes e das subjetividades.

Nem mesmo cabe o discurso "politicamente correto" da livre escolha individual, do plural (cada um pensa o que quer, faz o que quer e consome o que quiser), apesar de sedutor e aparentemente novo* e democrático. Como nos alerta Freitas (2005: 15) de modo preciso ao refletir sobre o efeito desse tipo de posicionamento:

> É como se a genialidade residisse apenas no ato de ser diferente e o passado apenas atrapalhasse a possibilidade de ser diferente, de ser genial, de fazer as coisas acontecerem. Assumindo uma visão pragmatista, terminam vendo o diferente como aquilo que é útil para resistir à mesmice do sistema, não havendo necessidade de nenhuma outra justificativa, além da própria diferença produzida.

É oportuno destacar que os clássicos do liberalismo, já nos séculos XVII e XVIII, procuravam exaltar este aspecto da liberdade, com visíveis dificuldades de projetar modelos democráticos de sociedade. Não é casual que muito da discussão sobre participação popular e igualdade só ganhou espaço nos debates políticos no século XIX (Coutinho, 2002). E, mais do que isso, um dos grandes entraves na construção de modelos democráticos liberais sempre foi como compatibilizar a livre expressão com os limites desta liberdade diante da necessidade de se estabelecer regras mínimas de convivência social (Przeworsky, 1989; 1995). Ou seja, se toda expressão individual é legítima, como estabeleço o limite de expressão daqueles que são contra esta própria concepção de liberdade? Se toda manifestação ideológica é válida, como restrinjo expressões que geram intolerância e preconceito? Quem efetivamente faz escolhas livres no momento de consumir e desejar bens?

---

* Este tipo de raciocínio de se pregar o novo como sinônimo de algo superior que desqualifica o antigo é triplamente perigoso: 1) reafirma uma lógica de pensar linear, em que o agora é melhor do que o antes obrigatoriamente; 2) desqualifica visões de mundo com origem anterior no tempo; e 3) não lembra que muito do que se apresenta como novo, na verdade, retoma velhas questões que acompanham a história do pensamento (Loureiro, 2006).

Resposta para isso somente se encontra não como um *a priori*, mas como resultado dos processos políticos de lutas sociais, de diálogo e explicitação de conflitos, na própria construção do espaço público e de um Estado sob controle social, para além do que se insere na esfera da vida privada. O que, para ocorrer, exige a inserção dos diferentes agentes sociais em condições de igualdade de intervenção e decisão para que tal espaço seja de fato público e democrático. O que defendo, consequentemente, é que a afirmação individual é permeada pela luta pela igualdade. A ação contra práticas preconceituosas está relacionada à ação contra práticas expropriadoras em espaços estatais e no cotidiano. E o limite de uma manifestação cultural está no direito de outra cultura igualmente se manifestar e se reproduzir socialmente.

Como se vê, qualquer contraposição do tipo indivíduo x sociedade falseia o problema real da sociabilização; de fato, o indivíduo social, homem ou mulher, só pode constituir-se no quadro das mais densas e intensas relações sociais. E a marca de originalidade de cada indivíduo social (originalidade que deve nuclear sua personalidade) não implica a existência de desigualdades entre ele e os outros. Na verdade, os homens são iguais: todos têm iguais possibilidades humanas de se sociabilizar; a igualdade opõe-se à desigualdade — e o que a originalidade introduz entre os homens não é a desigualdade, é a diferença. E para que a diferença (que não se opõe à igualdade, mas à indiferença) se constitua, ou seja: para que todos os homens possam construir a sua personalidade, é preciso que as condições sociais para que sociabilizem sejam iguais para todos. Em resumo: só uma sociedade onde todos os homens disponham das mesmas condições de sociabilização (uma sociedade sem exploração e sem alienação) pode oferecer a todos e a cada um as condições para que desenvolvam diferencialmente a sua personalidade. (Netto e Braz, 2006: 47).

Caracterização do que é "bem comum" e público no debate ambiental

Começo por como estes conceitos aparecem vinculados ao ambiente no marco legal da política brasileira. O ambiente é definido na Constituição Federal diretamente como "bem comum". Este é um conceito que possui uma dupla dimensão: é um objetivo, qual seja, garantir a todos e todas as condições coletivas para a realização pessoal; e é um meio de acesso igualitário a bens e direitos para o cumprimento de tal finalidade. No caso do ambiente enquanto bem comum, significa dizer que é um pressuposto constitucional que a natureza só pode ser apropriada para fins de interesse de realização justa de cada um e da coletividade.

> Art. 225 — Todos têm direito ao meio ambiente ecologicamente equilibrado, bem de uso comum do povo e essencial à sadia qualidade de vida, impondo-se ao Poder Público e à coletividade o dever de defendê-lo e preservá-lo para as presentes e futuras gerações.

De modo similar, a caracterização do ambiente como algo "público" aparece em algumas políticas específicas. No caso, seu conceito remete à obrigatoriedade do Estado em garantir o caráter "comum" do ambiente.

Surge assim na Política Nacional do Meio Ambiente:

Art. 2º — A Política Nacional do Meio Ambiente tem por objetivo a preservação, melhoria e recuperação da qualidade ambiental propícia à vida, visando assegurar, no país, condições ao desenvolvimento socioeconômico, aos interesses da segurança nacional e à proteção da dignidade da vida humana, atendidos os seguintes princípios:

I — ação governamental na manutenção do equilíbrio ecológico, considerando o meio ambiente como um patrimônio público a ser necessariamente assegurado e protegido, tendo em vista o uso coletivo;

E na Política Nacional de Recursos Hídricos:

Art. 1º — A Política Nacional de Recursos Hídricos baseia-se nos seguintes fundamentos:

I — a água é um bem de domínio público;

II — a água é um recurso natural limitado, dotado de valor econômico;

III — em situações de escassez, o uso prioritário dos recursos hídricos é o consumo humano e a dessedentação de animais;

IV — a gestão dos recursos hídricos deve sempre proporcionar o uso múltiplo das águas;

V — a bacia hidrográfica é a unidade territorial para implementação da Política Nacional de Recursos Hídricos e atuação do Sistema Nacional de Gerenciamento de Recursos Hídricos;

VI — a gestão dos recursos hídricos deve ser descentralizada e contar com a participação do Poder Público, dos usuários e das comunidades.

Tais instrumentos jurídico-institucionais, ao se referirem a um bem que deve atender às necessidades de todos e todas e que é igualmente responsabilidade de cada cidadão, estão longe de ser algo pronto ou dado por força da lei. Suas objetivações dependem diretamente das tensões público-privado no Estado brasileiro e da garantia de apropriações comunais da natureza, parcialmente assegurada na legislação, por meio do que foi expresso anteriormente, e com o reconhecimento de direitos dos povos e populações tradicionais em reproduzirem seus modos de vida, pautados em culturas sustentáveis — Política Nacional de Desenvolvimento Sustentável de Povos e Comunidades Tradicionais — Decreto n. 6.040 de 7/2/2007.

E por que não é algo dado, sendo necessário que as forças sociais atuem para garantir o ambiente como algo público e "comum"? Por que é preciso que haja disputas entre interesses públicos e privados para que o ambiente se materialize como algo "comum"? Para responder satisfatoriamente, é preciso primeiro explicar alguns conceitos e discursos que estão "na moda".

Nos últimos trinta anos, houve um movimento de liberalização da economia, de flexibilização do trabalho e de reorganização do Estado para garantir os processos de expansão e acumulação de capital, que se reflete na possibilidade de o ambiente servir a interesses públicos em uma sociedade marcada pelo poder do interesse privado. As ações envolvem, entre outras medidas: redução dos gastos públicos; abertura das economias ao capital estrangeiro; privatização das empresas e serviços públicos.

Nesse movimento, há toda uma argumentação construída e reproduzida por meios de comunicação, escolas, partidos e órgãos governamentais em que se afirma o fim da centralidade do trabalho, das classes sociais, dos conflitos e da importância do Estado na promoção de políticas sociais.

Apresenta-se, para tanto, a justificativa de que com o avanço dos serviços, do empreendedorismo, da tecnologia e da ciência, a relação assalariada perdeu espaço e as formas de organização dos trabalhadores entraram em colapso. Confunde-se assim trabalho com emprego e se "esquece" que os mecanismos criados não geraram trabalho livre e sim maior subordinação aos movimentos de reprodução e valorização do capital. Pensa-se a ciência como libertação, desprezando que esta é feita por trabalhadores e instituições inseridas na produção (Organicista, 2006). Fala-se em imaterialidade da sociedade, mas jamais se demandou tanta matéria para garantir um modo de vida pautado no consumo intenso e na obsolescência das mercadorias (Alier, 2008). Apresenta-se o setor de serviços como menos impactante e expropriador, mas se esquece que este consome bens que são feitos no modo de produção capitalista.

O componente ideológico de tal discurso, consequentemente, leva à troca de categorias para criar uma argumentação aparentemente lógica. As que antes eram vistas como fundamentais para a prática política passam à condição de secundárias ou mesmo superadas. De ênfase em políticas públicas construídas sob institucionalidades públicas, passa-se à execução de projetos via ONGs e empresas (afinal, para esta concepção ideologizada, se somos todos parceiros e buscamos a mesma coisa, não há o que discutir e decidir publicamente; há o que fazer para resolver os problemas). De explicitação dos conflitos como condição para a democratização, passa-se à lógica do consenso e do diálogo, como se a desigualdade e o antagonismo de interesses de classe tivessem evaporado espontaneamente — ou, pior, como se a comunicação entre agentes sociais levasse ao consenso e à emancipação.

Há toda uma forte linha argumentativa liderada pelo competente filósofo Habermas que, mesmo oriundo de uma leitura crítica de sociedade, estabelece um dualismo entre duas esferas da existência humana: o mundo da vida (da comunicação, da interação) e o sistema (trabalho, economia). Com isso, torna-se conceitualmente possível pensar a emancipação apenas sob o prisma da ação comunicativa, impedindo que o sistema invada os espaços da interação. Contudo, tal proposição é alvo de consistentes críticas que se baseiam na impossibilidade concreta de separar as duas dimensões do real, em defesa de uma leitura dialética entre trabalho e linguagem. Logo, não há como entender a autonomia de ambas a não ser pelas mediações entre estes polos, que ao se definirem mutuamente se distinguem no processo. Ou seja, a emancipação é material e simbólica e não apenas linguística (Antunes, 2005). E mudança de discurso não é a mesma coisa que mudança social.

Afinal, há consenso entre iguais (que são diversos entre si) e também entre desiguais? Quem define o que é consensual em uma estrutura desigual?

Até mesmo a solidariedade perdeu seu sentido coletivo e político e passou a apoiar-se estritamente no campo privado da moral (a caridade — não é preciso mais lutar no campo coletivo dos direitos, mas sim ajudar o próximo). O resultado foi o esvaziamento dos espaços públicos e sua despolitização, e uma associação entre a ação de entes privados com prática cidadã, como se estes estivessem fora das relações políticas e econômicas — o que produz uma doxa, uma verdade inconteste: a de que a responsabilização privada pelo social é capaz de atender às demandas e dar respostas mais efetivas e eficazes do que as instituições e serviços públicos.

É com base nesta constatação que Sousa Santos (1999) afirma que a exaltação do indivíduo como instituição em uma sociedade desigual faz com que a luta pelo bem comum e pela construção de uma concepção de bem comum igualitária e coletivista se torne aparentemente absurda ou mesmo sem sentido.

E o ambiente, enquanto categoria estratégica da política contemporânea, não ficou imune a essa ideologia, até por seu sentido universalista — de que é aquilo que nos une, uma vez que habitamos o mesmo planeta (um lar comum). De fato, a natureza é uma em sua diversidade de manifestações, mas o ambiente é um resultado das relações sociais no contexto ecológico. Se a sociedade é desigual, o lugar ocupado no mundo é desigual. Subordinado a relações sociais alienadas, de ruptura sociedade-natureza, não há possibilidade real de o mundo ser um lar, sendo no máximo o lugar que habitamos e sobrevivemos ou simplesmente em que tentamos nos manter vivos.

Sob premissas populares e democráticas, o sentido universalista do que é público, pressuposto para o ambiente ser um bem comum tal como definido em lei, não significa tratar a todos como iguais abstratamente. Isto representa na prática o cumprimento da formalidade jurídico-institucional de um Estado que reduz as desigualdades sociais a diferenças da vida privada (por conseguinte, desloca as questões sociais para a esfera da responsabilidade individual). Exige que as liberdades individuais e políticas se instaurem pela materialização de condições de dignidade humana (relação liberdade-necessidade) — ou seja, tratar de modo igual as distintas necessidades e capacidades.

Posto desta forma, um espaço público, e o ambiente como bem comum, se efetivam de modo universal quando a crítica e o dissenso organizado das classes trabalhadoras e do conjunto de expropriados (incluindo aí populações e comunidades tradicionais) pode se instalar igualitariamente na demanda de direitos, na definição das institucionalidades que regem a convivência social e das normas que configuram os usos e apropriações da natureza. Logo, só há espaço público à medida que os socialmente desiguais se encontrem como sujeitos autônomos e protagonistas políticos e só há ambiente como bem comum à medida que o acesso à riqueza produzida e à natureza seja justo, e os diversos modos de se organizar com base em processos econômicos e culturais sustentáveis sejam respeitados.

Os movimentos sociais e as lutas ambientais

Não casualmente, diante do cenário apresentado, de 1980 para cá parte da literatura sobre movimentos sociais começa a estabelecer uma classificação que divide em: 1) movimentos sociais — MS (voltados para a emancipação, a política e a tomada e superação do Estado, visando à construção de outra sociedade); 2) e os chamados novos movimentos sociais — NMS (voltados para os valores ditos pós-materialistas — amor, solidariedade, zelo — para a afirmação cultural, com forte ênfase nas subjetividades e nas diferenças).

Por sua origem junto às classes médias europeias e norte-americanas, o movimento ambientalista é identificado, de forma mais imediata, com as forças sociais que se configuram nesta fase de reorganização do capitalismo e suas "bandeiras": afirmação dos valores "ecologicamente adequados"; da diversidade cultural e de expressões; da tolerância; do zelo com o planeta. Tal cenário propicia, portanto, que os chamados NMS assumam o "ambiental" de início, como algo inerente às suas finalidades, enquanto os MS, diante de suas históricas lutas sociais, o fizeram posteriormente.

No entanto, os MS não podem ser pensados como secundários para esse debate.

Primeiro, porque independentemente de utilizarem categorias ambientalistas, suas lutas e projetos políticos se referem à reestruturação da sociedade, e qualquer movimento nesse sentido representa novas formas de se relacionar com a natureza (sejam estas mais ou menos sustentáveis), portanto, algo de relevante interesse para qualquer um que tenha no ambiente uma preocupação, questão ou desafio. Afinal, só há sustentabilidade com dignidade de vida para todos, ou esta vira um discurso vazio visto que fundado na desigualdade e na destruição. Desconsiderar as lutas dos movimentos sociais vistos como clássicos, que denunciam as mazelas do capitalismo, é um grave equívoco que despolitiza o debate e estabelece uma leitura evolucionista da sociedade, pouco compatível com a dinâmica contraditória do real e com as necessidades materiais que perduram para a maioria absoluta das pessoas. Defender o zelo planetário ignorando que crianças morrem de fome e que outras espécies são extintas pela mesma lógica econômica é, no mínimo, um paradoxo.

Segundo, porque, principalmente na última década, as lutas dos movimentos sociais na América Latina se destacaram por enfrentarem e exporem as incongruências de processos produtivos envoltos com o agronegócio, a indústria de celulose, a mineração, a pecuária extensiva e a privatização da água. Sem dúvida, isso deu materialidade ao debate ambiental e trouxe-o para a arena política e para o mundo econômico como antes não se tinha alcançado. Como bem coloca Mészáros (2002, 1989), a valorização do capital torna indissociável a violência social da violência ambiental. Ou seja, condições objetivas propiciaram que o "ambiental" fosse incorporado pelos MS como elemento estratégico nas lutas populares e democráticas e para a explicitação dos conflitos ambientais, uma vez que a disputa por bens naturais e seu controle no uso é inerente à propriedade privada capitalista.

Terceiro, porque o tema ecológico não é propriedade de nenhum agente social, nem mesmo os que com este se identificam e por este lutam de forma mais direta. É, portanto, categoria estratégica da prática política e fator de identidade entre sujeitos e grupos. Nesse sentido, concordo plenamente com Alier (1998: 31) quando afirma:

> ... a história está repleta de movimentos ecológicos dos pobres, ou seja, de conflitos sociais com conteúdo ecológico cujos atores tinham uma percepção ecológica. A palavra "ecologia" não se refere aos luxos estéticos da vida, mas ao fluxo de energia e materiais, à diversidade biológica e ao uso agroecológico do solo e, portanto, resulta absurdo pensar que a consciência ecológica é uma novidade nascida nos círculos ricos dos países ricos.

A não utilização do ambiente enquanto estratégia de luta política dos movimentos sociais, até pelo menos a década de 1990, tem duas explicações no caso brasileiro.

O modo como o ambientalismo se consolidou aqui durante os anos 1970 e 1980 trouxe muito do debate europeu de classe média e elite intelectual, só que com a desvantagem de não conseguir obter adesão de grupos populares, uma vez que emerge ainda em um momento de fim da ditadura militar e redemocratização do país, e era questão prioritária para grupos de maior poder econômico. Com isso, um perfil majoritariamente fundado sobre abordagens estruturadas na cisão cultura-natureza ou em uma leitura idealizada da natureza impedia o diálogo com os MS.

Outro elemento se relaciona ao fato de que não só os movimentos sociais se rearticulam tardiamente (nos anos 1980), como suas formas de organização se voltaram com muita ênfase (e não sem motivos) para o enfrentamento à ditadura. Assim, o foco se localizava na superação dos intensos mecanismos de dominação e para o fortalecimento da democracia no país (Fontes, 2006).

Todavia, para além desses motivos históricos de afastamento e diálogos nem sempre amistosos, é fato também que há crescente reflexão sobre o caráter inovador ou não dos NMS, incluindo aí o ambientalismo, e se há rupturas ou não destes com os MS.

Para não poucos autores, os NMS, quando descolam a luta pela afirmação da diferença e do plural das demais questões estruturais esvaziam o debate político e favorecem a ação fragmentada e focada na esfera do consumo e do indivíduo, reforçando a lógica do efêmero e do imediato, incompatíveis com a noção de sustentabilidade. Assim, mesmo aparentemente se evidenciando como algo novo, ao se analisar a dinâmica e contradições sociais concretas, verifica-se que não raramente tais movimentos acabam por reproduzir os elementos fundamentais do atual estágio do capitalismo (Harvey, 2005).

Sem desconsiderar este aspecto (com o qual concordo), para uma parte dos pesquisadores sobre o tema, não há nada de substantivo que configure obrigatoriamente uma polarização entre MS e NMS. Tais autores entendem que o que há de inovador/transformador na ação dos agentes sociais contemporâneos é um prolongamento dos MS (o que eliminaria a necessidade do "novo"), uma complexificação da luta política, procurando-se promover simultaneamente os valores igualdade e diversidade e não apenas um destes (Houtart, 2006; Sousa Santos, 2005).

Concordo com esta perspectiva quando os chamados NMS não perdem a dimensão de classe, uma vez que mesmo considerando que o determinante se encontra nos aspectos ditos clássicos, reconheço que as novas questões são igualmente relevantes. Reconhecer que algo "pesa" mais em termos ontológicos do que constitui uma sociedade, e em termos

SUSTENTABILIDADE E EDUCAÇÃO

estratégicos ou de ruptura societária, não significa estabelecer uma hierarquia entre o que é mais ou menos importante. O importante é o que se vive!

A questão de classe é fundante do capitalismo, logo, central para qualquer movimento de ruptura e superação societária. Contudo, a violência contra a mulher, a dominação de gênero ou étnica, os preconceitos relativos à sexualidade ou qualquer outra manifestação ou opção na vida não são menos importantes para quem as vivenciam; qualificam a própria classe e conformam as relações sociais (Montaño e Duriguetto, 2011).

Classe, na mesma linha de raciocínio que Thompson (2002), é estrutura e processo, conjunto de práticas culturais, econômicas e políticas dotadas de historicidade. Não pode ser reduzida ao vínculo primário com as relações de produção. Evidentemente, com isso, estamos afirmando a impossibilidade concreta de se ignorar o que funda o capitalismo em suas múltiplas determinações, afetando diretamente aquilo que na história antecede a ele (tais como os denominados temas culturais da diversidade, que ganham "cores" próprias na sociedade contemporânea, e pelo menos em grande medida poderão estar para além dela, caso ocorra).

Então, como articular as diferentes lutas justas pela democratização radical da sociedade, contemplando as questões ambientais?

No meu entendimento, é nesse momento que a relevância da categoria "conflito ambiental" para os movimentos sociais se explicita. Esta qualifica e integra a ação organizada em defesa de justiça social e do direito à vida emancipada, saudável e sustentável, uma vez que trata das relações estabelecidas nos processos antagônicos de interesses entre agentes que disputam recursos naturais e buscam legitimar seus modos de vida. Como nos diz Foladori (2001: 45):

A análise da crise ambiental contemporânea deve partir das próprias contradições no interior da sociedade humana, contradições que não são biológicas, mas sociais, que não se baseiam na evolução genética, mas na história econômica, que não têm raízes nas contradições ecológicas em geral, mas naquelas que se estabelecem entre classes e setores sociais em particular.

Na Brasil, podem ser identificados alguns exemplos de movimentos sociais que, aos poucos, adotam o debate ambiental em suas atividades concretas. Temos o caso clássico do Movimento dos Atingidos por Barragens (MAB), que, em seu processo de organização comunitária de defesa do território, constitui-se em movimento de resistência e explicitação dos conflitos ambientais. Atua basicamente em reação ao modelo de matriz energética e construção de grandes hidroelétricas, que deslocam populações e inundam áreas produtivas de relevante valor simbólico ou natural. Com isso, cria importante senso popular de identidade territorial e capacidade coletiva de se antagonizar ao modelo de desenvolvimento.

Encontramos ainda o caso do Movimento dos Trabalhadores Rurais Sem-Terra (MST). Chegou a ser assinado em 1997 um documento denominado *Pacto Chico Mendes*, em que grupos ambientalistas e a direção do MST se comprometeram mutuamente a defender a justiça social e o acesso à terra sem reforçarem práticas destrutivas. Os desafios para o movimento não são simples. Há uma dificuldade concreta em se viabilizar assentamentos nos moldes da produção coletivizada e sustentável por meio da agricultura ecológica, orgânica e variações outras, em um contexto de forte subordinação ao mercado. Mas é exatamente aí que se explicitam os conflitos fundiários e de proteção natural, nos quais o MST cumpre função decisiva.

É oportuno dar destaque também a um movimento articulador de diferentes agentes sociais do campo democrático e popular com finalidades ambientalistas: A Rede Brasileira de Justiça Ambiental (RBJA).

A RBJA foi fundada em setembro de 2001, reunindo movimentos sociais, ONGs, organizações de afrodescendentes, ambientalistas, indígenas, sindicatos de trabalhadores e pesquisadores universitários, com o objetivo de explicitar a distribuição desigual dos riscos ambientais, evidenciando casos concretos de injustiça ambiental ocorridos no território brasileiro. Atualmente realiza pesquisas que subsidiam a ação política, fomenta uma rede virtual e um sítio na internet para a troca de experiências e mobilizações em torno de casos identificados, e promove eventos de aglutinação de forças, por meio de debates, apresentação de casos pelo país e deliberações conjuntas sobre estratégias de intervenção.

Há inúmeras outras experiências nacionais e em toda a América Latina. Nesse sentido, quem tiver interesse pode visitar o sítio da CLACSO (www.clacso.org.ar) e procurar no Observatório Social da América Latina relatos e descrição de casos de conflitos ambientais e lutas sociais protagonizadas por movimentos sociais, motivados pela busca do direito ao acesso aos benefícios obtidos dos recursos naturais e serviços ambientais. Outro endereço importante é o que traz o mapa de conflitos envolvendo injustiças ambientais e de saúde no Brasil, produzido pela Fiocruz e pela Fase (http://www.conflitoambiental.icict.fiocruz.br./index.php). Nesse se encontram várias situações concretas e agentes sociais que atuam coletivamente com base no enfrentamento dos conflitos ambientais.

Sustentabilidade: de que, para quem, para o quê?

> Todo processo de objetivação cria, necessariamente, uma nova situação sócio-histórica, de tal modo que os indivíduos são forçados a novas respostas que devem dar conta da satisfação das novas necessidades a partir das novas possibilidades.
>
> Sérgio Lessa

Há diferentes formas de se definir *desenvolvimento sustentável*. Para alguns, nem conceito propriamente dito é e sim uma "ideia-força", um conjunto de princípios manifestos em busca de um desenvolvimento qualificado por uma preocupação, qual seja: crescer sem comprometer a capacidade de suporte dos ecossistemas e seus ciclos, garantindo a existência social e de outras espécies em longo prazo. Mesmo que não o entendamos como um conceito, mas como uma ideia mobilizadora, sem dúvida, deve ser admitido que é uma ideia bastante instigante e capaz de gerar grandes debates e mobilizações de grupos e pessoas em torna dela.

No livro, procuro problematizar as questões relativas à sustentabilidade e ao *desenvolvimento sustentável*, tendo por foco a crítica ao modelo proposto pela ONU e ratificado pelos governos membros das Nações Unidas. O motivo da escolha é óbvio: por ser a definição padrão é a mais representativa do ideário das classes dominantes, cabendo sua problematização e superação, em paralelo indicando algumas possibilidades outras.

Mas vamos começar pelo aspecto conceitual mais geral: o que é sustentabilidade.

Como já foi dito no início do livro, este é um conceito oriundo das ciências biológicas e se refere à capacidade de suporte de um ecossistema, permitindo sua reprodução ou permanência no tempo. Isso significa, trazendo para o plano social, que um processo ou um sistema para serem sustentáveis necessitam: 1) conhecer e respeitar os ciclos materiais e energético dos ecossistemas em que se realizam; 2) atender a necessidades humanas sem comprometer o contexto ecológico e, do ponto de vista ético, respeitando as demais espécies; 3) garantir a existência de certos atributos essenciais ao funcionamento dos ecossistemas, sem os quais perderiam suas características organizativas; 4) reconhecer quais são seus fatores limitantes preservando-os para não inviabilizarem a sua capacidade de reprodução; 5) projetar a sua manutenção em termos temporais (necessidade de incorporar projeções futuras no planejamento das atividades humanas com base nos saberes disponíveis hoje).

Algumas explicações teóricas adicionais são relevantes para um entendimento mais preciso do conceito.

No âmbito do debate sobre sustentabilidade, necessidades são vistas tanto no sentido material quanto simbólico — portanto, econômico e cultural. Assim, fazem parte destas: subsistência (garantindo a existência biológica); proteção; afeto; criação; produção, reprodução biológica, participação na vida social, identidade e liberdade. Portanto, sustentável não é o processo que apenas se preocupa com uma das duas dimensões, mas que precisa contemplar ambas, o que é um enorme desafio diante de uma sociedade que prima pelos interesses econômicos acima dos demais.

Capacidade de suporte significa a projeção de um máximo de população de uma espécie que pode ser mantido indefinidamente sem gerar uma degradação de recursos que acabe por afetar a própria viabilidade de reprodução da espécie. Há críticas a este conceito, pois ele é operacional em escala planetária, mas pouco viável de ser concretizado em análises locais, em função de serem sistemas sociais abertos a trocas materiais e energéticas com outros sistemas. Há ainda a constante preocupação em não se recair em uma leitura malthusiana que aponta a relação direta entre crescimento populacional e disponibilidade de recursos como fator limitante, naturalizando as relações de produção. Como já foi dito, a população tem que ser entendida de modo histórico, ou seja, enquanto resultado de relações sociais específicas de uma sociedade, portanto, no caso humano nem sempre maior quantidade significa maior pressão física. De qualquer forma, é uma noção relevante que ajuda a pensar o sentido dado à capacidade de suporte e, por conseguinte, à sustentabilidade.

Sem dúvida, o conceito de sustentabilidade é instigante, complexo e desafiador. Faz-nos pensar sobre múltiplas dimensões e suas relações. Mas o que houve de mais interessante ao se trazer um conceito biológico para a política e a economia foi não só admitir a dinâmica do contexto ecológico como uma condição objetiva de qualquer atividade social, mas também pensar em um desenvolvimento que fosse duradouro e atribuir responsabilidade pela vida das pessoas no futuro a partir do que o cidadão realiza no presente. Em um momento de tanta ênfase no imediato e na efemeridade, propor o inverso é algo consideravelmente radical e tem seu mérito.

Contudo, a aceitação da qualificação sustentável não é o problema maior ou nem mesmo deve ser visto como problema, pelo menos entre os que compartilham preocupações de cunho ambiental, mas sim como realizar a sustentabilidade e qual é a finalidade dela. É por isso, inclusive, que há apropriações do conceito por parte de agentes sociais tão distintos, em que as intencionalidades são constantemente conflituosas e isso se manifesta nas estratégias de atuação.

Outro aspecto polêmico remete ao uso ou não de *desenvolvimento* junto a *sustentável*. Esta é a melhor opção? Ou *sociedades* cabe mais adequadamente? Ou nenhuma das duas ajuda muito?

A grande maioria da literatura sobre o tema afirma que o conceito, também oriundo das ciências biológicas, mais precisamente da tradição científica positivista, que influenciou marcadamente o pensamento científico nos séculos XIX e XX, significa crescimento e evolução naturais de um organismo. Portanto, é um conceito que exprime o que é intrínseco ao ser, qualificado por uma noção de progresso, de algo contínuo, inexorável e linear, mesmo que marcado por fases distintas.

Trazido para o plano econômico, consequentemente, este vem imediatamente associado à noção de que as sociedades podem crescer indefinidamente para níveis mais elevados de riqueza material, cujas leis são teleológicas (possuem finalidades estabelecidas em si mesmas) e mecanicistas (causalidade direta, uma coisa leva necessariamente à outra). A este conceito vem acoplado o de evolução, que implicaria na noção de avanço constante, por meio da razão, do conhecimento científico e de que há um modelo de sociedade civilizada a ser perseguido, no caso, o modelo civilizatório europeu, cujo "motor" é a industrialização.

A natureza aí é algo imutável, pano de fundo estático, fonte de recursos, sem valor em si nem dinâmica própria.

Assim, o desenvolvimento seria visto de forma liberal, como:

— sinônimo de crescimento econômico e produção de mercadorias, e a felicidade e o bem-estar estariam associados ao consumo de massa.

— série sucessiva de etapas a serem cumpridas, passando de sociedades tradicionais para modernas e industriais.

— desenvolvimento capitalista, enquanto única opção existente.

Não há a menor dúvida de que este foi o entendimento e projeto político dominante e, nesse sentido, o uso do conceito desenvolvimento é absolutamente impertinente aos debates ambientais e à busca de qualquer sustentabilidade, uma vez que se pauta em modelo único de organização e de riqueza material, no caso, reduzida a mercadorias a serem geradas e consumidas. Ainda que atualmente hajam índices outros acoplados, que procuram enfatizar aspectos mais subjetivos de satisfação, a atividade econômica é naturalizada e o crescimento é visto como inexorável e condição de aprimoramento do modo de produção capitalista.

Mas vejo nessas afirmações teóricas um reducionismo conceitual e uma leitura histórica um tanto quando parcial, simplificando a questão de fundo. Se o problema parasse no ponto argumentado, concordaria integralmente com a recusa ao uso do conceito dominante de desenvolvimento, mas não termina aí. Volto a dizer: não adotar o conceito para não se permitir confusão com uma postura eurocêntrica, burguesa, homogeneizadora de cultura e evolucionista é politicamente pertinente, teoricamente coerente e ideologicamente justo. A problematização que quero fazer a seguir é outra. Busco trazer elementos que complexificam o conceito, tornando-o passível de outras significações e usos, desde que tais aspectos se evidenciem com clareza.

O conceito de progresso, para o ambientalismo um conceito "maldito", não é algo inerente a todo e qualquer pensamento moderno e da mesma forma não é uno de significado. Essa associação direta é um tanto quanto indevida, assim como o é pensar a modernidade como algo homogêneo, sem conflitos e disputas por hegemonia. Afirmar que o conjunto da modernidade pensava de modo linear e evolucionista é ignorar as disputas discursivas da época e contra o quê se buscava o progresso (e cair em uma linearidade, tão abominada exatamente pelos que fazem tal afirmação).

Chamo a atenção para a necessidade de fazer essa contextualização histórica e para a importância de se entender o que leva certas visões de mundo e paradigmas se tornarem dominantes em relação a outros que coexistem no mesmo período. Esse exercício intelectual evita um esquematismo discursivo corriqueiro, o de que basta trocar um paradigma cartesiano e antropocêntrico por um novo paradigma (o ecológico), e o problema se resolve. Aqui fica parecendo que o determinante está na forma de pensar e que esta é unívoca em cada fase. Ora, todo período histórico é dinâmico e contraditório em sua concretude. Entre os séculos XV e XXI inúmeras visões de mundo foram constituídas e modificadas e, dentre estas, o denominado paradigma cartesiano se tornou dominante exatamente por sua funcionalidade ao capitalismo, sem, com isso, ser sinônimo de aceitação e validade universal. Logo, a construção de um novo paradigma hegemônico não se esgota em mudança na forma de pensar, é parte de um projeto político a ser concretizado por agentes sociais em suas práticas.

Quando pensamos nisso, verificamos sim que progresso é um conceito fortemente identificado com os ideais de uma burguesia em ascensão, que buscava afirmar a superioridade

SUSTENTABILIDADE E EDUCAÇÃO   61

de seu projeto societário diante de um modo de organização "antigo" que precisava ser superado para a consolidação do mercado e da propriedade privada. Projeto este também de afirmação da ciência positivista como verdade e contraponto pretensamente neutro e racionalmente superior, capaz de instituir a negação de outros saberes ligados a formas tradicionais e comunais de propriedade.

Progresso, expressa, a rigor, segundo Chaui (2006: 78), a ideologia burguesa de explicar a história por meio de um processo evolutivo rumo ao melhor e ao superior.

O historiador-ideólogo constrói a ideia de progresso histórico concebendo-o como a realização, no tempo, de algo que já existia antes de forma embrionária e que se desenvolve até alcançar seu ponto final necessário. Visto que a finalidade do processo já está dada (isto é, já se sabe de antemão qual vai ser o futuro), e visto que o progresso é uma "lei" da história, esta irá alcançar necessariamente o fim conhecido. Com isso, os homens tornam-se instrumentos ou meios para a "história" realizar seus fins próprios, e são justificadas todas as ações que se realizam "em nome do progresso".

Não quero dizer com isso que o "canto da sereia" não fosse sedutor e que parte expressiva da esquerda não tenha caído nele e ainda caia, vide as justificativas dadas para legitimarem os empreendimentos em curso no país em nome do crescimento, como se os sacrifícios gerados fossem efetivamente compensados de modo justo e como se tal crescimento fosse inexorável e garantisse dignidade para todos e todas. O que estou afirmando é apenas que não era uma unanimidade e que uma parcela dos pensadores críticos entendeu que tal noção era uma justificativa que naturalizava as relações sociais do novo sistema e desprezava os custos em vida para que este se afirmasse como verdade universal.

O mesmo tipo de raciocínio vale para refletir sobre *desenvolvimento*.

Há uma leitura crítica dialética que o define de modo muito diferente deste dominante e que é interessante de ser conhecida, seguindo as formulações de Fausto (1987; 2002) e Chaui (2006), com base na dialética marxiana.

Nessa linha de raciocínio, desenvolvimento não é a mesma coisa que devenir. Devenir é um movimento de afirmação de continuidade temporal, mesmo que em etapas: nascimento, crescimento, morte. Aparição e desaparição. O desenvolvimento é um movimento de descontinuidade, não linear e não evolucionista, visto que o novo está contido na forma anterior mas se objetiva por caminhos complexos e nexos mediados por várias dimensões. Assim, o conceito de desenvolvimento não sugere necessariamente que uma sociedade posterior seja melhor ou que haja uma sociedade ideal a ser atingida, apenas pode-se afirmar que é mais complexa no sentido de que é irreversível (não se pode voltar ao antes de forma plena e sempre que algo ocorre agrega novas informações ao sistema), com mais relações, e qualitativamente distinta.

Em resumo, para esta perspectiva teórica, é o conceito de devenir que indica crescimento e evolução de algo em seu movimento de transformação de suas potencialidades em ato, e não o de desenvolvimento.

Esse é um ponto de vista interessante e consistente que merece maior reflexão dos interessados sobre os rumos da sustentabilidade. Sob a lógica dialética, é uma posição conceitual menos simplificadora da realidade e pautada em análises relacionais complexas.

De qualquer forma, o cerne da discussão, no meu entendimento, não é esse e se encontra em saber quem porta qual projeto de sustentabilidade e com que fim. E é isso que veremos adiante, após a discussão teórica sobre *sociedades sustentáveis*.

Sociedades sustentáveis refere-se à negação da possibilidade de existir um único modelo ideal de felicidade e bem-estar a ser alcançado por meio do desenvolvimento (claramente entendido por seus adeptos como algo linear, evolucionista e universal). Nesta perspectiva, há necessidade de se pensar em várias vias e organizações sociais, constituindo legítimas formações socioeconômicas firmadas sobre modos particulares, econômicos e culturais, de relações com os ecossistemas existentes na biosfera. Tem como premissa a diversidade biológica, cultural e social e a negação de qualquer homogeneização imposta pelo mercado capitalista ou pela industrialização. Assim, a sustentabilidade é algo que depende da multiplicidade de manifestações culturais e autonomia dos povos na definição de seus caminhos e escolhas, em relações integradas às características de cada ecossistema e território em que se vive.

E agora, qual caminho seguir?

Certamente a resposta não é única e depende das intenções de cada um. Mas gostaria de expressar uma posição pessoal como forma de estabelecer um último debate sobre o uso ou não dos conceitos trabalhados.

A princípio, o conceito de *sociedades sustentáveis* se mostra menos permeável a entendimentos contraditórios ou a uma associação entre sustentabilidade e crescimento econômico de livre mercado, do que o de *desenvolvimento sustentável*. Além disso, igualmente se mostra mais democrático à medida que possibilita a cada sociedade definir seu modo de produção, bem como o de bem-estar a partir de sua cultura e de seu ambiente natural (por isso, é posto no plural). E tem sido fartamente utilizado por setores mais à esquerda, criando uma identidade com movimentos de caráter emancipatório.

Se tivesse que fazer a escolha apenas de uma dessas duas opções, ficaria com *sociedades sustentáveis*. Conceito que, por sinal, já utilizei em outros momentos por considerar que sua apropriação é importante para delimitar os campos dos discursos no ambientalismo. Contudo, ambos me são por demais imprecisos e vagos teoricamente, em seus posicionamentos político-econômicos e em suas intencionalidades. O problema não é a diversidade de sentidos atribuídos a sustentabilidade e desenvolvimento, mas está em como um mesmo conceito pode comportar sentidos antagônicos e incompatíveis. A diversidade de significados é cabível quando há uma coerência epistemológica mínima e político-ideológica. Fora disso, passa a ser um conceito que explica tudo e nada ao mesmo tempo, que serve a todos como se estes estivessem interessados nas mesmas coisas. Convenhamos, um conceito sem capacidade explicativa, heurística, definitivamente não é um conceito, apenas um aglomerado de ideias e princípios que pragmaticamente pode ser apropriado para qualquer fim, desde que resolva o problema de quem dele se utiliza.

Além disso, no discurso sobre *sociedades sustentáveis*, há uma forte tendência em se defender os caminhos plurais sem se fazer disputas no espaço público e na política, esquecendo-se que para se construir um direito é preciso enfrentar o poder estabelecido. É como se fosse possível tudo conviver em harmonia. Fala-se em não buscar hegemonia, mas como diante de uma sociedade desigual em que classes e grupos exercem hegemonia sobre outras? Parece que cada proposta e cada caminho conviverá com o outro e tudo estará resolvido, bastando haver respeito e tolerância.

Isso não é viável até porque há caminhos de sustentabilidade que não convivem harmonicamente com outros e nesse caso a disputa é inerente ao processo e a construção de uma nova hegemonia condição para a democracia. Afinal, até para se garantir a diversidade de formas econômicas e culturais é preciso enfrentar os processos sociais que hegemonizam e homogeneízam os padrões societários. Uma nova hegemonia é condição para o fim desta atual, suas mazelas e falta de respeito com o diverso e com processos sociais mais igualitários.

Assim, apostaria em uma terceira opção conceitual na construção do discurso crítico a qualquer proposta de sustentabilidade que naturalize as relações sociais sob a égide do capital, do eurocentrismo e do individualismo. Retomar o que parece de mais "surrado", mas que continua sendo o que há de mais concreto em termos de construção histórica e conceitual: socialismo. Repensá-lo à luz do que há de novo trazido no debate sobre sustentabilidade me parece mais oportuno do que descartá-lo para ficar com termos que pouco sinalizam para movimentos de superação das relações do capital (fonte primária da degradação).

A questão de fundo que me interessa é: os dois conceitos não necessariamente apontam para o enfrentamento da ordem do capital, cabendo posicionamentos explícita ou implicitamente compatibilistas com o capitalismo. O que proponho é que não há compatibilidade possível, apenas minimização de efeitos, sendo necessário afirmar outro projeto em toda sua radicalidade, o que envolve afirmar conceitos que expressam isso de modo o mais claro possível.

Mesmo partidos e intelectuais de esquerda defendem, em nome de um falso realismo, que a solução está na humanização e ecologização do capitalismo, priorizando o desenvolvimento das forças produtivas, e particularmente da tecnologia e da ciência. Isso é isolar dimensões da vida social que se definem mutuamente pelas relações estabelecidas. Aprimorar algo não significa superá-lo. Ou seja, é viável diminuir impactos, recompor ecossistemas, criar mecanismos compensatórios com base na ampliação da oferta de bens e serviços, em legislações rigorosas que sejam cumpridas e com a execução de programas sociais compensatórios ou distributivos, mas a natureza da expropriação permanece. Isso é o máximo que somos capazes de oferecer às futuras gerações? É muito pouco...

Intensificar processos sem mudar a qualidade da relação me parece uma aposta por demais perigosa diante da gravidade da crise em que nos encontramos. Particularmente, não faria uma aposta na conciliação, mas sim na transformação. Conciliação não é realismo e sim sonho sem nexo com as contradições da realidade. Superação é desafio, utopia assentada na leitura realista de mundo.

Encerrando este ponto, faço minhas as palavras finais do Manifesto Ecossocialista Internacional*, elaborado em 2001, para explicar a escolha:

> Mas por que socialismo, por que reviver esta palavra aparentemente consignada ao lixo da história pelos equívocos de suas interpretações no século XX? Por uma única razão: embora castigada e não realizada, a noção de socialismo ainda permanece atual para a superação do capital. Se o capital deve ser superado, uma tarefa dada como urgente considerando a própria sobrevivência da civilização, o resultado será necessariamente "socialista", pois esse é o termo que designa a passagem a uma sociedade pós-capitalista. Se dizemos que o capital é radicalmente insustentável e se degenera em barbárie, delineada acima, então estamos também dizendo que precisamos construir um "socialismo" capaz de superar as crises que o capital iniciou. E se os "socialismos" do passado falharam nisso, é nosso dever, se escolhemos um fim outro que não a barbárie, lutar por um socialismo que triunfe. Da mesma forma que a barbárie mudou desde os tempos em que Rosa Luxemburgo enunciou sua profética alternativa, também

---

* Há uma rede brasileira de ecossocialistas, criada em 2003, durante o III Fórum Social Mundial, e um manifesto brasileiro elaborado posteriormente.

o nome e a realidade do "socialismo" devem ser adequados aos tempos atuais.

É por essas razões que escolhemos nomear nossa interpretação de "socialismo" como um ecossocialismo, e nos dedicar à sua realização.

Esse é um debate longo que não tenho a pretensão de esgotá-lo em um livro, mas fiz questão de trazer alguns pontos mais agudos para a reflexão do leitor, que poucos assumem por serem polêmicos e despertarem "amor e ódio". Sugiro a leitura complementar de: Foladori, 2005; Foster, 2002; Kovel, 2008; Löwy, 2005, 2005a; O'Connors, 2002. E que cada um chegue à sua conclusão e assuma sua posição.

Agora, vamos à dimensão histórica concreta da atualidade, para além dos embates teóricos e projetos políticos (necessários!).

O debate sobre sustentabilidade é hegemonicamente marcado por um pressuposto de aliança entre atores sociais, de inter-relação harmônica não só entre estes, mas entre economia, política e condições ecológicas. Os problemas sociais e ambientais são reduzidos a problemas técnicos e gerenciais. Como se constituiu no âmbito de sociedades que se afirmam como democráticas, seus procedimentos envolvem estratégias metodológicas denominadas de participativas (Zhouri, Laschefski e Pereira, 2005).

Alguns desses pontos já foram abordados; com isso, focalizarei um pouco a discussão da participação.

Participação, em uma situação um tanto quanto similar à sustentabilidade, é uma das "palavras-chave" que se torna tão consensual que acaba perdendo sua capacidade explicativa e, politicamente, sua força transformadora. Hoje, todos a utilizam como exigência; contudo, há algo de estranho nisso: afinal, será que o sentido dado à palavra pelo Banco Mundial é o mesmo que o sentido assumido pelo MST?

Evidentemente que não. O primeiro agente citado visa o indivíduo, em sua capacidade "espiritual" (ou racional) de fazer escolhas e na independência entre sociedade civil e Estado, privilegiando a esfera privada e a democracia representativa (liberal); o segundo aposta na produção coletiva, na organização popular, no fortalecimento dos movimentos sociais e da democracia substantiva e direta (democrático radical).

Como corretamente coloca Dagnino (2004), o aparente consenso em torno da participação e sua promoção junto à sociedade civil favorecem a existência do que denomina de *confluência perversa*. Afinal, é em um contexto de profunda apropriação privada do que é público que a participação vira a palavra mágica para garantir um papel ativo e de protagonismo dos entes privados da sociedade civil. Como as bases concretas em que esta intencionalidade acontece não são explicitadas, na aparência tudo fica diluído e as finalidades existentes em projetos de diferentes agentes sociais tornam-se ideologicamente escamoteadas. O que está posto objetivamente na sociedade em posição desigual vira parceiro em igualdade formal. Todos se abraçam, mas a dominação permanece, ou pior, sequer é explicitada e enfrentada.

O efeito prático é a legitimação da opressão por intermédio do esvaziamento do debate público e da criminalização dos movimentos sociais. O que fica é a participação nos níveis da escuta do outro, do direito a se manifestar em espaços institucionalizados, mas não de decidir; se aceita o fazer parte do planejamento e da execução, mas não da concepção do que é definido como prioridade para uma localidade ou mesmo quanto aos rumos nacionais. Quando se permite a participação nas instâncias decisórias, a desigualdade de poder se mantém (numericamente ou em termos de desigualdade de recursos e conhecimentos necessários para se tomar decisões), e o que se permite decidir não necessariamente atende o que as classes populares e os grupos em situação de maior vulnerabilidade ambiental reivindicam.

Um projeto emancipatório visa o aprofundamento democrático, por meio do controle social do Estado (não o esvaziamento das instituições públicas, pois isto liberaliza a economia) e do fortalecimento de movimentos sociais, o que representa pôr ênfase na gestão pública das questões ambientais como meio para garantir ou, ao menos, tensionar em favor da igualdade e da universalidade de direitos como pressupostos da sustentabilidade. Um projeto liberal visa a transferência das atribuições das instituições públicas para as privadas, em cima de um discurso de eficácia gerencial e do estímulo ao empreendedorismo de cada indivíduo, o que pressupõe um Estado "enxuto" e funcional aos interesses econômicos do mercado.

Com esta argumentação feita, podemos agora recuperar uma definição anterior que permite dar o sentido de participação que defendo:

> Participar é compartilhar poder, respeitar o outro, assegurar igualdade na decisão, propiciar acesso justo aos bens socialmente produzidos, de modo a garantir a todos a possibilidade de fazer sua história no planeta, de nos realizarmos em comunhão. Participação significa o exercício da autonomia com responsabilidade, com a convicção de que nossa individualidade se completa na relação com o outro no mundo, em que a liberdade individual passa pela liberdade coletiva (Loureiro, 2004: 14).

No caso do Brasil, em especial, cabe lembrar que a participação é um processo social que se realiza de modo tensionado e contraditório, diante de uma sociedade que foi construída historicamente com base em uma tradição patrimonialista, assistencialista e paternalista de Estado (Faoro,

2001; Demo, 1988). Logo, longe de ser a fórmula que por ela mesma conduz a um ideal republicano de igualdade, é uma condição democrática que nem sempre atende aos interesses públicos, podendo ser promovida pelos que detêm o poder decisório. Isso pode ocorrer uma vez que, não raro, inserem-se pessoas no diálogo, mas não se garante condições objetivas a estas para intervir na tomada de decisão sobre os rumos das políticas públicas, nem se garante o acesso igualitário aos direitos sociais adquiridos.

Em resumo, seja com base no discurso da participação ou não, o fato é que o modelo de *desenvolvimento sustentável* vigente faz uma opção ideológica por um discurso aparentemente não ideológico e neutro, centrado em um *espírito* solidário, em uma noção de valores universalmente válidos que orientam a humanidade, e em soluções tecnológicas e gerenciais de um ambiente reificado.

O ambiente só pode ser posto nessa condição de "coisa à parte", cuja gestão é racionalmente orientada para fins atendidos pelo uso da tecnologia, se não o definirmos como construção social derivada das relações sociedade-natureza e se não o historicizarmos. Ou seja, se não o vemos como produto de interações cujos agentes possuem visões de mundo e projetos de vida por vezes incompatíveis.

Dito isso, é importante retomarmos a construção histórica do conceito de desenvolvimento sustentável.

Seus fundamentos encontram-se de modo claro no relatório "Nosso Futuro Comum", da Comissão Mundial sobre Meio Ambiente e Desenvolvimento. Esta foi instituída em 1983 na sessão 38 da Assembléia Geral da ONU, inicialmente com vinte e três membros, coordenada por Gro Harlen Brudtland, à época primeira ministra da Noruega. O referido relatório foi aprovado sem restrições na Sessão 42 das Nações Unidas, no ano de 1987, formalizando o conceito *oficial* de *desenvolvimento sustentável*.

Seu caráter genérico é lastreado por uma perspectiva humanitária que aposta na *cooperação de boa-fé*, em uma ética ecológica e na gestão racional dos recursos ambientais como saída para a proteção natural. Aqui se encontra uma visão dualista e fictícia.

Dualista porque coloca de modo estanque de um lado os seres humanos degradadores (julgados como maldosos e impiedosos) e de outro a natureza (idealizada como frágil), sendo o ponto mediador os que tomaram consciência e buscam a sustentabilidade. O que não se explica é como estes mediadores que passam a protagonizar o processo transcendem a condição de essencialmente predatórios pela tomada de consciência. O teor implícito é o de que essa mudança de conduta é algo que desperta em cada um, sem relação com o lugar social.

Esse tipo de argumento é pertinente com seus fundamentos, afinal, sua ênfase é no indivíduo, independentemente de classe ou grupo social. Não importa se você é trabalhador ou empresário, quilombola ou latifundiário. O que importa é que se defenda a sustentabilidade como um princípio universal, sendo irrelevante discutir qual sustentabilidade e quem se beneficia com o desenvolvimento em curso. Fica igualmente implícito nesse tipo de raciocínio que há um estado consciente sobre sustentabilidade, como se este fosse algo tangível que se coloca adiante e não como resultado de um processo histórico por meio do qual adquire materialidade.

Para os que seguem a orientação oficial de *desenvolvimento sustentável*, a conclusão é evidente. Se não há conflitos, nem antagonismos sociais, se a consciência gera em si a transformação e se a boa vontade faz superar qualquer divergência, tal definição permite que pessoas e grupos o entendam como uma solução para as desigualdades sociais, preservação ecológica e da diversidade cultural. Não há mais o que divergir. Basta realizar! Quem diverge é porque quer complicar o que não tem mais complicação. No caso da prática política isso se agrava: quem diverge é porque não quer solução. O encaminhamento institucional para se inibir tais práticas críticas e de enfrentamento ao modelo societário é a criminalização dos movimentos sociais e a discriminação dos que pensam e formulam em uma perspectiva de superação societária.

Reparem, há ainda outro problema lógico na formulação hegemônica do consenso: os valores e as ideias definem a materialidade dos processos sociais de modo unidirecional. Esta não é parte definidora e definida no próprio processo. Há uma anterioridade posta no plano ético-normativo, um determinante que não é determinado na própria dinâmica da vida. Com isso, os valores tornam-se absolutos e deslocados das relações sociais e da história.

Ao se analisar mais detidamente o documento fundador elaborado pela ONU, observa-se um conteúdo conservador das práticas econômicas, associando desenvolvimento a crescimento e à expansão do mercado, desde que este se paute pelos princípios solidários, garantindo hipoteticamente a compatibilidade entre preservação da natureza e justiça social. Isto é vazio de sentido teórico, uma vez que não há uma relação analítica consistente que indique a possibilidade de justiça social e ambiental no marco do modo de produção capitalista. Novamente, a compatibilização desejada fica pautada no plano moral e não no estrutural/cultural, como se o problema ambiental dependesse unicamente, para ser resolvido, da superação individual de uma abstrata falta de capacidade de reconhecer o outro.

Além disso, no discurso oficial volta-se à antiga fórmula de associar crescimento produtivista e consumista a algum elemento distributivo como algo capaz de trazer padrões dignos de sobrevivência para todos. Não se repensa o que se produz e para que fins, mas se aceita como natural a abundância de mercadorias, cabendo produzir mais para que mais pessoas entrem no circuito do consumo de futilidades, não raramente com a interveniência do Estado para assegurar crédito ao consumidor. Basta ver a solução encontrada com a crise econômica mundial de 2008, em que o Estado serviu para salvar bancos e empresas, incentivar o crédito e fomentar o consumo como soluções apresentadas como únicas e sustentáveis (mesmo sem se dizer para quem...).

Passemos a outro plano da discussão: as relações entre sustentabilidade e educação, uma vez que esta sempre aparece como caminho (quando não como salvação) para patamares mais dignos de existência humana e proteção ambiental.

Sustentabilidade e educação

A princípio, criar e fomentar processos pelos quais a sustentabilidade, enquanto premissa geral, seja incorporada e assumida pela educação; e a educação seja sempre uma prioridade para as estratégias de promoção da sustentabilidade em qualquer política pública e proposta de desenvolvimento, me parece um ponto passível de pouca discussão. Se reconhecemos que não há transformação social sem educação (que sozinha não faz "milagres" nem é a salvação), qualificá-la no sentido da apreensão de premissas que garantem a reflexão sobre as questões postas pela ecologia política, e que são afetas à sustentabilidade, é evidentemente algo pertinente e necessário diante dos desafios contemporâneos.

Contudo, o que se coloca no plano ideal não corresponde à situação real e a relação sustentabilidade-educação é repleta de polêmicas iniciadas nos anos 1990 e que merecem ser analisadas.

A primeira se refere a um aspecto mais de fundo, relativo às finalidades da educação, e que remete a uma crítica ao sentido instrumental dado à educação que vem associado ao discurso da sustentabilidade no âmbito das instituições. "Educar para..." dá a entender que se educa com fins instrumentais e pragmáticos que podem estar dissociados de fins emancipatórios e reflexivos. É como se a educação servisse para criar competências, capacidades, habilidades e comportamentos sem que estes estivessem vinculados à formação do ser, ao pensar o mundo, ao refletir sobre a existência, ao atuar na construção da história e ao se posicionar politicamente. A questão é: precisamos de educação para o desenvolvimento sustentável, educação para a sustentabilidade, educação para o meio ambiente, ou precisamos simplesmente de educação ambiental, ou em termos mais rigorosos, precisamos fundamentalmente assegurar o direito à educação como princípio elementar da formação humana?

Fica-se criando várias "educações" para vários fins e o principal continua precário e inacessível a parte da população. Precisamos de educação!

Outra polêmica mais específica para o caso brasileiro e latino-americano se refere à inadequação do principal argumento da ONU, ao promover a década da educação para o desenvolvimento sustentável (2005-2014), para justificar a adoção desse termo. As Nações Unidas e os propagadores da terminologia afirmam que este é mais pertinente para o enfrentamento dos problemas contemporâneos, pois dialogam com a economia e com as questões sociais em geral, o que nem sempre é verdadeiro para a educação ambiental, sendo importante enfatizar a indissociação entre o social e o ecológico.

Mas há alguns equívocos nesse argumento. A educação ambiental, seja em qual documento internacional de referência for, jamais desconsiderou tais aspectos, afirmando o ambiente como totalidade. Logo, conceitualmente, não há o que ser revisto nesse sentido. Na prática, é verdade que em países "do norte" a educação ambiental ficou muito voltada para visitas a áreas protegidas ou rurais, ensino de conteúdos ecológicos e técnicas de conservação; no entanto, na América Latina, tais práticas não correspondem à realidade. Principalmente, após os anos 1990, um teor libertário, de justiça social e de uso de pedagogias críticas, ganhou espaço na educação ambiental, definindo sua identidade. Pensar em educação ambiental, em larga medida, era e é pensar nos componentes sociais e ecológicos do ambiente. Além disso, se considerarmos como válidas (integralmente ou parcialmente) as principais críticas à utilização do termo desenvolvimento, tal como explicado no capítulo anterior, a adoção de educação para o desenvolvimento sustentável se mostra não só irrelevante como inapropriada. Se considerarmos como oportuna, mesmo diante dos questionamentos feitos, teremos de aceitar que a educação é meio apenas de garantia da coesão e da convivência social, preparando melhor os indivíduos para exercerem suas funções em sociedade. Esta perde, portanto, qualquer sentido de formação humana, de prática emancipatória e se resume a meio ideológico de reprodução e naturalização das relações sociais vigentes, pautadas na expropriação, na dominação e no preconceito.

Por fim, há alguns pontos que são expressivos de uma leitura pragmática e instrumentalizadora de educação, que separa indivíduo e sociedade na compreensão de mundo, e que se expressam de forma clara na apresentação oficial da UNESCO, sede Brasil, em defesa da década da educação para o desenvolvimento sustentável. O conjunto do texto é auto-explicativo, mas há alguns aspectos que pus em negrito para comentar em seguida, que se destacam e que provam que o que tenta ganhar legitimidade como novo é uma reprodução com "roupa nova" de antigas e insuficientes propostas educativas.

O Fórum Global para o Desenvolvimento Sustentável, realizado em Joanesburgo em 2002, propôs à Assembléia Geral das Nações Unidas a proclamação da Década Internacional da Educação para o Desenvolvimento Sustentável para o período 2005-2014. A proposta foi aprovada em dezembro de 2002, durante sua 57ª Sessão.

Na qualidade de principal agência das Nações Unidas para a educação, a UNESCO deve desempenhar papel primordial na promoção dessa década, principalmente no que tange ao estabelecimento de padrões de qualidade para a educação voltada para o desenvolvimento sustentável. Seu principal objetivo é o de integrar os princípios, os valores e as práticas do desenvolvimento sustentável a todos os aspectos da educação e da aprendizagem.

Esse esforço educacional irá incentivar *mudanças de comportamento* que virão a gerar um futuro mais sustentável em termos da integridade ambiental, da viabilidade econômica e de uma sociedade justa para as gerações presentes e futuras.

Isso representa uma *nova visão da educação* capaz de ajudar pessoas de todas as idades a entender melhor o mundo em que vivem, tratando da complexidade e do inter-relacionamento de problemas tais como pobreza, consumo predatório, degradação ambiental, deterioração urbana, saúde, conflitos e violação dos direitos humanos, que hoje ameaçam nosso futuro.

O impacto das políticas públicas implementadas até o presente pode gerar efeitos de escala planetária, e é importante *conscientizar e sensibilizar* o público *sobre as implicações desses esforços de preservação.*

O Escritório da UNESCO irá desempenhar papel primordial na promoção da Década Internacional da Educação para o Desenvolvimento Sustentável. A preservação do patrimônio ameaçado só será possível com a compreensão e a responsabilidade compartilhada de diferentes gerações.

É fundamental seguir apoiando o aperfeiçoamento das políticas nacionais em ambos os temas, pois elas têm perfil transversal, com reflexos em várias áreas da vida nacional. Nesse sentido, a Década da Educação para o Desenvolvimento Sustentável (DEDS) incorpora dois segmentos fundamentais dentro desse perfil transversal, quais sejam a educação ambiental e a educação científica.

(http://www.unesco.org/pt/brasilia/special-themes/education-for-sustainable-development/)

A primeira ênfase está em "mudar comportamentos". Ora, afirma-se que, se cada um mudar seus comportamentos, o resultado por somatória será novas relações entre pessoas e destas com o mundo. Detalharei isso um pouco mais no capítulo seguinte e já expliquei parcialmente ao longo do livro; todavia, devo destacar que defender a ideia de que mudar comportamento é sinônimo de mudar a realidade é apostar que as relações se dão sempre do indivíduo para o outro, por somatório e bom exemplo. Aqui não há dialética entre eu-outro, mútua determinação. E esse individualismo epistemológico e metodológico já foi objeto de inúmeras críticas conclusivas no campo da educação (Saviani, 2008).

No campo ambiental, há outra consequência grave. Como os sujeitos são isolados do contexto, uma análise moralista fica facilitada. O problema deixa de se situar no lugar do sujeito nas relações de produção e na vida cotidiana, e passa para a esfera do julgamento moral: este é "bom" ou "mal" (valores cujos conteúdos são definidos pelos grupos hegemônicos em determinada cultura). Assim, o problema deixa de ser primordialmente as relações sociais e passa a ser o indivíduo. Logo, não há problema em ser proprietário capitalista, desde que este seja bom. Ressalte-se: sem ficar claro o que é ser bom, para que cultura e para quem se é bom. O fato é que a pessoa pode ser identificada moralmente como boa e isso não altera a condição de existência de relações de apropriação privada dos bens gerados pelo conjunto da humanidade para fins de lucro e acumulação. O que importa para o discurso oficial da sustentabilidade é que se possa classificar os que são "defensores da natureza" e os que são "inimigos da natureza", com base em critérios subjetivos e morais, desconsiderando que entre os "defensores" e os "inimigos" há práticas e intencionalidades distintas que complexificam a discussão.

Depois fala-se em "nova visão de educação". Em qual sentido? De orientação pedagógica, não, uma vez que os objetivos manifestos são próprios de concepções do início do século passado. De reflexão sobre a universalização da educação e meios para se consolidar tal direito? Nem aparece como ponto de discussão relevante. De finalidade do processo educativo? Longe disso, uma vez que seus objetivos reproduzem pedagogias liberais e pragmáticas. É nova porque fala em sustentabilidade? É muito pouco para se afirmar de modo tão ambicioso que traz algo de substantivamente relevante e novo, uma vez que, tal como foi dito, sustentabilidade tem vários sentidos.

E de modo emblemático, encerra defendendo como objetivo "conscientizar sobre as implicações desses esforços de preservação". Aqui a fragilidade do argumento evidencia seu caráter conservador e nada inovador. Conscientizar vira sinônimo de informar ou no máximo de ensinar o outro o que é certo; de sensibilizar para o ambiente; transmitir conhecimentos; ensinar comportamentos adequados à preservação, desconsiderando as condicionantes socioeconômicas e culturais do grupo com o qual se trabalha.

O cerne da educação ambiental é a problematização da realidade, de valores, atitudes e comportamentos em práticas dialógicas. Ou seja, para esta, conscientizar só cabe no sentido posto por Paulo Freire de "conscientização": de processo de mútua aprendizagem pelo diálogo, reflexão e ação no mundo. Movimento coletivo de ampliação do conhecimento das relações que constituem a realidade, de leitura do mundo, conhecendo-o para transformá-lo e, ao transformá-lo, conhecê-lo.

A educação ambiental brasileira: afirmando posições

> Se a essência do homem se define com a totalidade das relações sociais, então a realização e a libertação do gênero humano está indissociavelmente ligado à transformação do mundo.
>
> *Nicolas Tertulian*

Não objetivo resgatar o histórico da educação ambiental, muito menos recontar seus momentos "consagrados" e eventos repetidos à exaustão em vários trabalhos sobre o tema. Sugestões de referências importantes sobre este processo sob uma ótica mais historicizante são: Oliveira, 2003; Carvalho, 2004; Lima, 2005; Loureiro, 2009.

Apenas gostaria de explicar resumidamente o perfil da educação ambiental brasileira, justificando, com isso, os motivos que levaram à problematização anterior e à recusa entre educadores e educadoras ambientais em aceitar a adoção da terminologia "educação para o desenvolvimento sustentável". Ao final do tópico me posiciono, estabelecendo a relação com o conjunto de atividades que se seguem.

As primeiras atividades assumidamente de educação ambiental no Brasil datam do início da década de 1970. Estas ocorreram por meio de iniciativas de entidades conservacionistas e da extinta Secretaria Especial do Meio Ambiente (Sema). Os movimentos sociais de cunho popular e os trabalhadores da educação, por motivos diversos (Loureiro, 2006a), não se envolveram com a questão ambiental, em uma época em que a cisão entre as lutas sociais e as ecológicas era evidente e não raramente estas se apresentavam em lados opostos, com raras exceções.

As iniciativas educativas ambientais eram vistas, por força deste perfil dos agentes sociais que as realizavam, como um instrumento técnico-científico voltado para a resolução de problemas ambientais por meio da transmissão de conhecimentos ecológicos e da sensibilização (diga-se: concepção esta que, apesar de toda crítica sofrida e limitações indicadas, permanece bastante presente nas práticas de ONGs, governos e empresas). Era também muito comum serem vistas como um componente (secundário) dentro de grandes programas governamentais de recuperação ambiental — esse entendimento também é ainda muito comum, não a reconhecendo como um eixo estruturante necessário de ser inserido em diálogo com os demais eixos desde o momento da concepção e planejamento de tais programas e projetos.

Contudo, nos anos 1980, esse quadro razoavelmente "estável" de compreensão e execução começa a se diversificar e a consolidar novas posições teóricas e políticas. Não é que inexistissem anteriormente leituras mais problematizadoras da prática educativa ambiental, mas, sem dúvida, estas eram incipientes e bastante "sufocadas" pela ditadura no Brasil, mas, sobretudo pelo distanciamento existente entre práticas educativas ambientais e atuação dos grupos populares.

A crescente degradação dos ecossistemas, a perda da biodiversidade, a reprodução das desigualdades de classe e a destruição de culturas tradicionais levaram ao repensar da "questão ambiental" por grupos ambientalistas mais críticos, ou chamados de socioambientalistas, que denunciaram as causas sociais dos problemas ambientais — cabe aqui um breve destaque sobre este termo que passou a ser amplamente utilizado na literatura especializada. Conceitualmente, a denominação *socioambiental* está errada. Se o ambiente é uma síntese de relações sociais com a natureza em um determinado recorte espaço-temporal, o social é uma construção intrínseca. Contudo, entendo a utilização do termo em certas situações como demarcação de campo político. Como o ambientalismo ficou muito marcado por uma leitura biologizante de ambiente, muitos adotaram o uso da palavra socioambiental para chamar a atenção de que se posicionam de modo diverso dos demais, considerando as relações sociais como fonte da crise ambiental.

Além disso, a referida década e o início dos anos 1990 foram marcados por um processo de redemocratização da sociedade brasileira, o que favoreceu a retomada de movimentos sociais de cunho emancipatório e o fortalecimento de perspectivas críticas na educação e da educação popular.

Diante desses fatos e da conjuntura favorável a um maior diálogo entre movimentos sociais, sindicatos de trabalhadores da educação, educadores em geral e ambientalistas, por força dos vínculos objetivos entre democratização do país, formação socioeconômica e degradação ambiental, a educação ambiental passou a ser vista como um processo contínuo de aprendizagem em que indivíduos e grupos tomam consciência do ambiente por meio da produção e transmissão de conhecimentos, valores, habilidades e atitudes.

Nesta mesma época, um elemento a mais, e decisivo, marcou a sua identidade: a forte inserção dos que atuavam em educação popular e adotavam a pedagogia crítica e libertadora de Paulo Freire. E é isso que explica o fato de os livros de Freire e sua pedagogia serem majoritariamente utilizados e citados por educadores e educadoras no país.

A educação ambiental no Brasil se volta, assim, para a formação humana. O que significa dizer que a esta cabe o conhecimento (ecológico, científico e político-social) e o comportamento, mas, para que isso ocorra, deve promover simultaneamente:

- a participação ativa das pessoas e grupos na melhoria do ambiente;
- a autonomia dos grupos sociais na construção de alternativas sustentáveis;
- o amplo direito à informação como condição para a tomada de decisão;
- a mudança de atitudes;
- a aquisição de habilidades específicas;
- a problematização da realidade ambiental.

Objetivamente, isso significa dizer que o conceito central do ato educativo deixa de ser a transmissão de conhecimentos, como se isso *per si* fosse suficiente para gerar um "sujeito ético" que se comportaria corretamente. É a própria práxis educativa, a indissociabilidade teoria-prática na atividade humana consciente de transformação do mundo e de autotransformação que ganha a devida centralidade. O que implica favorecer a contínua reflexão das condições de vida, na prática concreta, como parte inerente do processo social e como elemento indispensável para a promoção de novas atitudes e relações que estruturam a sociedade.

Devemos lembrar que, além da adoção de um sentido histórico-social para a caracterização das pessoas e sua inserção no mundo, esta, que parece ser uma sutil mudança de foco do comportamento para a atitude, representa uma diferença fundamental, nem sempre conhecida por educadores e educadoras ambientais. E aqui cabe um esclarecimento conceitual de suma importância.

As atitudes são um sistema de verdades e valores que o sujeito forma a partir de suas atividades no mundo. Os comportamentos, por sua vez, são ações objetivas no mundo, o momento final do processo. Qualquer um de nós pode mudar o comportamento por força de uma necessidade material, exigência do Estado ou por imposição de alguém, sem que isso signifique que mudou de atitude. As escolhas pessoais são, assim, situadas por condições que afetam a cada um em intensidades diferentes. A simples adequação comportamental, mesmo que relevante imediatamente, não implica a capacidade cidadã de definir, escolher livremente e exercer o controle social (regulação democrática) no Estado, e pode apenas expressar a conformação de uma pessoa à sociedade tal como se configura contemporaneamente (relações assimétricas de poder, desigualdade econômica e expropriação do trabalhador, preconceitos e utilização intensiva da natureza para fins de acumulação de riqueza material (Mészáros, 2008).

A orientação comportamental é, sobretudo, aquela que foi incorporada por uma psicologia da consciência que aposta em um sujeito racional. Isso significa, por exemplo, considerar o comportamento uma totalidade capaz de expressar as motivações dos indivíduos e acreditar que é possível submeter a vontade deles e produzir transformações dessas motivações mediante um processo racional, o qual se passa no plano do esclarecimento, do acesso a informações coerentes e da tomada de decisões racionais, baseadas em uma relação de custo-benefício para o sujeito. Em última instância, esta matriz conceitual supõe indivíduos cuja totalidade da ação encontra suas causas na esfera de uma racionalidade pragmática, da vontade e da consciência, em que se situariam também as relações de aprendizagem. Tomar os sujeitos apenas em sua dimensão racional consciente implica reduzir a noção de sujeito à de um ego individual. Com isso, perde-se a complexidade das determinações da ação humana que está longe de responder exclusivamente aos ditames da consciência e da vontade. Entre intenção e o gesto há um universo de sentidos contraditórios que a relação causal estabelecida entre avaliação racional e comportamento está longe de comportar. É largamente conhecido o tema da descontinuidade entre os comportamentos e as atitudes. (Carvalho, 2004, p. 183).

Logo, se desejamos uma educação ambiental que mude atitudes e comportamentos, e não apenas este último, devemos compreender como são os ambientes de vida, qual a posição social ocupada pelos diferentes grupos e classes, como estes produzem, organizam-se e geram cultura, bem como as implicações ambientais disso, para que uma mudança possa ser objetivada. Sem que as condições sejam alteradas ou, pelo menos, problematizadas no processo de adoção de novos comportamentos, é difícil que novas atitudes aconteçam.

Mais do que isso, ao se dar destaque à práxis educativa, crítica e dialógica, é preciso estruturar processos participativos que favoreçam a superação das relações de poder consolidadas e garantir o exercício da cidadania, principalmente dos que se encontram em situação de maior vulnerabilidade socioambiental (Loureiro et al., 2007). O que significa dizer que não só a participação é fundamental, mas que a participação popular é determinante, posto que a construção de processos em que os grupos expropriados e discriminados adquiram centralidade é a condição para que as contradições e os conflitos da sociedade sejam explicitados, enfrentados e superados pelo protagonismo daqueles que portam materialmente o que é distinto do poder hegemônico, portanto, a alternativa concretamente possível.

Para facilitar a compreensão, essa formulação pode ser ilustrada por meio da resposta a três dúvidas comuns.

Muitos perguntam o que há de errado com a proposta de transmissão de conhecimentos ecológicos. Afinal, sejam de

SUSTENTABILIDADE E EDUCAÇÃO

origem científica ou fruto de saberes populares ou tradicionais, conhecimentos relativos à dinâmica ecológica são sempre fundamentais para nossa inserção consciente no mundo e devemos assumir que este, de fato, pode ser um importante objetivo da educação ambiental. Então, onde está o problema? Na convicção de que a transmissão de informações e conceitos é capaz de gerar, em si, uma nova atitude perante a natureza. Por sinal, essa é uma convicção tipicamente positivista, paradigma científico tão condenado pelos ambientalistas. O problema está em se acreditar que as pessoas agem de modo inadequado apenas porque desconhecem (se conhecerem passarão a fazer o que é certo de modo imediato), esquecendo-se que somos constituídos por múltiplas mediações que condicionam nossas ações no mundo para além do que se conhece ou se acredita. Há limites materiais, processos afetivos e aspectos motivacionais vários, em grande parte desconhecidos, que podem ser determinantes para nossa prática.

Outra afirmação comum que gera acaloradas discussões é a de que a finalidade da educação ambiental é "plantar sementes" que, no futuro, podem germinar e fazer com que todos cooperem na superação dos problemas ambientais. A experiência demonstra que as mudanças não ocorrem espontaneamente, mas com intervenções conscientes e intenções claras de pessoas e grupos. A sociedade não é expressão da soma dos comportamentos individuais, mas relações socialmente produzidas na história. Não basta cada um fazer a sua parte e dar o exemplo, por mais que isso seja uma exigência ética e de coerência pessoal, fundamentais em tempos em que o utilitarismo, a frivolidade e o descaso com o outro prevaleçam. É necessário, portanto, não dissociar indivíduo e sociedade para que os objetivos da educação ambiental se realizem.

Por fim, a indagação que vem como contraponto a toda a argumentação feita: o processo de aprendizagem não é individual? Sim, enquanto resultado do processo, todavia, a educação não começa ou termina aí. Ela, enquanto formação humana, engloba outra pessoa, o diálogo, a mobilização, o conhecimento, a mudança cultural, a transformação social e a participação na vida pública.

Contudo, essa leitura que busca a reflexão sobre as causas sociais dos problemas ambientais e a intervenção transformadora da realidade possui uma variação considerável de compreensões e posicionamentos políticos e práticos em seu bojo. Além disso, existem outras denominações não tão afinadas (alfabetização ecológica, educação ecológica, educação para o meio ambiente, entre outras) que legitimamente constituem o campo da educação ambiental brasileira e que não foram tratadas.

Portanto, é preciso especificar um pouco mais para que se possa compreender e qualificar a prática educativa compatível com a proposta conceitual e argumentativa no livro. No amplo, diverso e contraditório campo que constitui a educação ambiental, diria que três denominações similares que configuraram uma perspectiva ao longo das duas últimas décadas procuram dar concretude aos aspectos mencionados. Assumo, dentre estas, as que são normalmente nomeadas de:

— *crítica* — por situar historicamente e no contexto de cada formação socioeconômica as relações sociais na natureza e estabelecer como premissa a permanente possibilidade de negação e superação das verdades estabelecidas e das condições existentes, por meio da ação organizada dos grupos sociais e de conhecimentos produzidos na práxis;

— *emancipatória* — ao almejar a autonomia e a liberdade dos agentes sociais pela intervenção transformadora das relações de dominação, opressão e expropriação material;

— *transformadora* — por visar a mais radical mudança societária, do padrão civilizatório, por meio do simultâneo movimento de transformação subjetiva e das condições objetivas (Loureiro, 2008; 2004).

Igualmente assumo enquanto denominação inserida na mesma perspectiva a *educação no processo de gestão ambiental*, que não se define como uma tendência teórica distinta das anteriormente listadas, pelo contrário, se localiza exatamente aí, mas apresenta como especificidade a operacionalização e prática voltadas para a materialização de tais formulações no campo da gestão ambiental (licenciamento, portos, unidades de conservação, águas, pesca etc.).

A educação no processo de gestão ambiental pública significa fundamentalmente estabelecer processos sociais, político-institucionais e práticas educativas que fortaleçam a participação dos sujeitos e grupos em espaços públicos, o controle social das políticas públicas e a reversão das assimetrias no uso e apropriação de recursos naturais, tendo por referência os marcos regulatórios da política ambiental brasileira.

São nestes processos instituídos junto aos instrumentos da política ambiental que as práticas educativas podem promover a participação do cidadão coletivamente organizado na gestão dos usos e nas decisões que afetam a qualidade ambiental e o padrão de desenvolvimento do país. Isso significa favorecer o direito democrático de atuação na elaboração e execução de políticas públicas que interferem no ambiente e no acompanhamento de empreendimentos que alteram propriedades do território em que se vive (Quintas, 2000; 2004; 2009).

Algumas sugestões de atividades de Educação Ambiental

Ao partir da premissa de que não se deve dissociar teoria e prática, costumo evitar em meus livros e artigos apenas descrever atividades e ações vivenciadas nas experiências das quais participei em unidades de conservação, universidades, licenciamento, escolas, favelas e junto a movimentos sociais, pois isso tende a estimular um uso reprodutor delas sem a contextualização e a reflexão necessárias. Contudo, como este é um livro de caráter introdutório que envolve conceitos complexos, julgo pertinente listar algumas poucas atividades que demonstram a possibilidade de uso da leitura crítica adotada em diferentes espaços.

São exemplos ilustrativos, aos quais associaremos em linhas gerais quais conceitos principais aqui trabalhados se referem à prática descrita, que podem colaborar na definição de ações por parte de cada leitor*.

---

* Algumas das atividades listadas foram elaboradas com Geisy Leopoldo e Marina Barbosa Zborowski, e publicadas em 2010 pelo então Instituto do Meio Ambiente da Bahia em seu *Caderno de Educação Ambiental*.

Atividades mais gerais voltadas à mobilização e atuação política

Neste item, trago dois pequenos exemplos de como problematizar um tema e discuti-lo em grupo, buscando a mobilização e o encaminhamento de propostas.

São atividades que permitem relacionar objetivos educacionais como: sensibilização, mobilização, problematização da realidade, construção de conhecimentos, tomada de atitudes individuais e ações coletivas. Igualmente, permitem entender como uma mesma prática pode envolver aspectos de mudanças individuais e de organização e atuação coletiva em defesa de certos interesses e direitos. Em termos dos conceitos trabalhados ao longo do texto, permitem exercitar a compreensão de como as condições existentes se relacionam a determinado modo de produção e consumo e de que a sustentabilidade não se realiza tão somente com alteração de condutas pessoais, apesar de estas serem fundamentais. Com isso, evidenciam a educação como possibilidade emancipatória repleta de tensões próprias ao movimento dos sujeitos em um contexto.

Atividade 1

Cada vez mais utilizamos energia elétrica para nosso conforto cotidiano e seu uso já está tão rotineiro e naturalizado que não pensamos mais sobre como ela cria um conjunto de possibilidades sociais impensáveis antes de se dominar o processo de sua produção e de estar disponível para consumo humano. Quando ficamos sem energia elétrica é que percebemos a dependência que criamos!

Mas também sabemos que uma parcela de brasileiros, principalmente em zonas rurais e os de baixa renda, ainda não tem esse direito garantido. São necessárias, portanto, medidas pessoais de racionalização do uso e políticas públicas compatíveis com um padrão de produção, distribuição e consumo sustentáveis. Proposta: Reúna um grupo. Cada integrante leva suas contas de luz de alguns meses. Antes deste momento, os participantes precisam pesquisar informações sobre os gastos que cada equipamento doméstico gera. Reunidos, devem verificar as médias individuais e do grupo e os meses correspondentes. Isso possibilitará algumas boas reflexões sobre: razões ambientais para a variação de consumo (frio, calor, chuva, vento etc.); equipamentos que consomem mais energia; quem tem acesso a tais equipamentos e os motivos disso. Depois, é preciso trazer informações para o diálogo que permitam analisar os impactos socioambientais causados pela construção e operação de uma usina hidrelétrica, bem como os setores responsáveis pelo padrão de consumo atual. Por fim, é importante listar as providências possíveis para a redução de consumo individual e doméstico, bem como as ações e medidas coletivas que podem ser tomadas para se ter um modelo mais justo de acesso e uso de energia. Nesse momento, cabe definir responsabilidades pela condução das iniciativas e procedimentos que mantenham o grupo ativo e mobilizado para a questão inicial ou outras que surjam no processo.

Atividade 2

Levante informações em sua cidade sobre a bacia hidrográfica em que está localizada, e se há comitê de bacia hidrográfica fazendo sua gestão. Em seguida, identifique em um mapa de onde vem a água consumida pela população local. Verifique se há áreas protegidas e preservadas em suas nascentes, quais são os usos existentes na região, os impactos gerados e como se organiza o sistema de captação e distribuição. Procure localizar tais informações espacialmente no mapa. Busque dados sobre o consumo na cidade e se toda a população é atendida. Em seguida, constitua um grupo e discuta a situação encontrada, organize visitas às fontes de captação e estações de tratamento e organize ações junto ao poder público visando à proteção da água e ao acesso universal a esta.

Atividades de sensopercepção

Aqui trago algumas possibilidades práticas dentre muitas de alta relevância, que estão compiladas no livro de Alves e Peralva (2010). São dinâmicas que envolvem a dimensão sensorial, a percepção e a corporalidade em seus nexos e na relação com as questões emancipatórias mencionadas ao longo do livro. Servem para demonstrar que os aspectos sensoperceptivos e lúdicos também são importantes para uma prática crítica em educação ambiental e, ao mesmo tempo, evidenciar que a reflexão sobre a sociedade é parte constitutiva destes componentes que por vezes são tratados por educadores e educadoras como separadas das relações sociais, reforçando uma dualidade entre razão e afeto ou entre corpo e mente.

Tais atividades permitem o desenvolvimento da sensorialidade (de captação do existente pelos sentidos) e da afetividade, compreendida como a faculdade humana de afetar e ser afetado. O processo ocorre da seguinte forma: por meio da sensibilidade corporal, manifesta-se a etapa da afetividade emocional, caracterizada por emoção atrelada à necessidade da presença física do outro, que se expressa pelo olhar, pelo toque, pela entonação de voz, pelo cheiro etc. A partir da linguagem oral e escrita, desenvolve-se a afetividade simbólica, na qual manifestações culturais como música, poesia e arte são capazes de sensibilizar, de emocionar. Ao utilizar questionamentos (o que é? por quê? como? onde?, dentre outros) que buscam a explicação da realidade e a correlação dos fatos que a compõem, o ser humano chega à afetividade categorial, na qual as situações que envolvem aspectos abstratos das relações sociais, como respeito mútuo, justiça, igualdade de direitos, nos emocionam; é a etapa em que as relações afetivas desenvolvem-se a partir da razão.

Trabalhar com a dinâmica afetiva e alcançar a etapa da afetividade categorial, por meio de questionamentos, pode ser traduzido como escopo essencial para a concretização da educação ambiental, estimulando a consciência crítica necessária à transformação social.

Atividade 1: Sensibilização para a memória e o diagnóstico ambiental

Objetivos:

- facilitar a apresentação, expressão e interação no grupo;
- reconhecer mudanças ocorridas no ambiente e identificar questões ambientais relevantes na percepção individual e coletiva;
- construir coletivamente uma representação gráfica das questões ambientais da região, com as percepções e informações dos participantes;
- formar um panorama das questões ambientais presentes na área de atuação, na investigação ou na moradia dos participantes;
- facilitar a análise e a reflexão sobre causas, efeitos e inter-relações entre as diversas questões e possíveis encaminhamentos.

Material de apoio:

- Cartolina, bloco gigante ou papel pardo, pincel atômico, caneta hidrográfica, lápis de cera e fita adesiva.

Momento 1
Percurso de vida e transformações no ambiente

Esta vivência pode ser realizada tanto em sala de aula quanto em ambiente externo.

1. O dinamizador convida os participantes a andar num espaço delimitado, explorando as sensações relativas ao ambiente.

   Escolher, durante o caminhar, uma pessoa para fazer dupla.

2. Sentados em duplas, uma pessoa entrevista a outra sobre o seu percurso de vida, da infância ao momento atual: onde nasceu, aspectos mais importantes de sua vida, lugares que percorreu e transformações ocorridas no ambiente. Cada pessoa terá 15 minutos para entrevistar o colega.

   O entrevistador, à medida que o colega relata sua vida, representa esse relato num desenho. O desenho é livre, podendo conter qualquer representação ou símbolo que o entrevistador julgar relevante. Em seguida, os dois trocam de papel.

3. Todos os desenhos são afixados na parede, lado a lado.

   As duplas se apresentam ao grupo maior e cada um descreve o parceiro com base no desenho que fez sobre sua vida.

4. Os participantes são convidados a agrupar os desenhos de acordo com a região geográfica predominante ou a relevância das alterações ambientais ocorridas.

SUSTENTABILIDADE E EDUCAÇÃO

5. Por meio de observações, perguntas e articulação entre os diferentes comentários, o coordenador desenvolve com o grupo a reflexão e o debate sobre as semelhanças e diferenças entre os diversos percursos de vida, as mudanças ocorridas no ambiente, as percepções e os sentimentos sobre essas alterações, os impactos sobre a vida de cada um e das diversas comunidades ou segmentos sociais.

6. Avaliação da atividade por meio de conversa livre em grupo.

Momento 2
Construindo um mapa das questões ambientais

Sensibilização para a memória e o diagnóstico ambiental.

1. Definir previamente critérios para a divisão da turma em grupos de 4 a 6 pessoas, de acordo com o cenário ou o recorte do ambiente, por exemplo: o ambiente em que a pessoa atua ou reside, o percurso entre sua casa e seu trabalho ou outro critério relevante para a ação educativa ou o projeto em andamento.

2. Dividir a turma em grupos, de acordo com o critério definido.

   Cada grupo deve eleger um coordenador e um relator e dar início aos trabalhos. Conversar sobre as transformações ocorridas, no decorrer do tempo, nesse ambiente e as questões ambientais da região no presente.

   Utilizando o material de apoio, desenhar suas percepções, registrando em forma de mapa as mudanças ocorridas e os problemas ambientais atuais.

3. Cada grupo apresenta em plenária o mapa com a análise dos problemas ambientais de sua região, com apoio de desenhos e anotações em folhas gigantes.

4. Por meio de debate e com o apoio desses mapas, formar um painel de questões da região estudada, abordando as potencialidades, os problemas e os conflitos que fazem parte do diagnóstico ambiental preliminar.

5. Os participantes registram, individualmente, no caderno do curso ou oficina, muitas vezes chamado de "diário de bordo", sua percepção e memória sobre os objetivos e as atividades desenvolvidas, realizando em seguida a avaliação em grupo.

Atividade 2: Interação no grupo e percepção de limites

Objetivos:

- a partir da percepção do próprio corpo, ampliar a percepção e o contato com o outro;
- descontrair áreas tensas na região de ombros e costas;
- facilitar o contato e a integração no grupo, de forma lúdica;
- desenvolver a capacidade de contato e a percepção de limites.

Material:

- Bolas de tênis.

Momento 1
Massagem nas costas, em grupo, com bolas

Em roda, em pé, espreguiçar livremente. Cada pessoa recebe uma bola de tênis para massagear as próprias mãos, em movimentos circulares, explorando tanto as palmas das mãos quanto o dorso e os dedos.

Em fila, em círculo, cada pessoa aplica massagem nas costas do colega que está à frente, usando a bolinha de tênis.

SUSTENTABILIDADE E EDUCAÇÃO

É importante a autopercepção ao tratar da outra pessoa, observando sua própria postura e respiração, de maneira a ficar vitalizado. Experimentar, simultaneamente, massagear as próprias mãos nesse movimento, explorando a possibilidade de dar e receber. Perceber a situação de postura e do tônus muscular do colega que vai receber a massagem, localizar os pontos que ele mais necessita distensionar e escolher a intensidade de pressão mais indicada.

Momento 2
Andar em grupo

a) O grupo é convidado a andar livremente no espaço delimitado pela coordenação.

b) Formar duplas e continuar andando, dois a dois, ombro a ombro.

Andar em diversas direções: para frente, para trás, para os lados, girando, coordenando seu passo com o do colega, sem falar, seguindo apenas a linguagem do corpo.

c) Formar grupos de quatro pessoas, sempre lado a lado, harmonizando o andar no novo grupo.

d) Agora, grupos de oito pessoas, lado a lado. Como vocês podem coordenar seu andar? De que maneiras podem explorar esse espaço?

Cada grupo de oito pessoas forma um círculo para conversar sobre a experiência vivenciada.

Voltar a andar, individualmente.

Momento 3
Percepção de movimento ativo e passivo

a) Individualmente

Em pé, flexionar os braços e entrelaçar os dedos das mãos na altura do peito. Relaxar os braços, os ombros e a nuca.

Projetar os dois cotovelos para fora, em direção lateral, de maneira a facilitar a colocação das escápulas, com os dedos entrelaçados, na frente do peito.

Experimentar as possibilidades de movimento com as mãos e os dedos, sem descruzá-los.

Deixar uma mão passiva, que será conduzida pela outra mão, que a empurra para a lateral oposta à mão ativa, trazê-la de volta ao centro, girar para frente e para trás, desenhando um círculo e outros movimentos livres.

Alternar papéis entre as duas mãos.

b) Em dupla

Frente a frente, as duas pessoas pousam as palmas das mãos sobre as das mãos do colega à frente.

Uma pessoa inicia a atividade, comandando o movimento com as mãos. A outra mão permite que o colega tome a liderança. O líder explora o movimento e o espaço, em movimentos circulares ou outros, sempre mantendo contato com as palmas das mãos.

Trocar de papéis e conversar, em dupla, sobre a experiência.

Atividade 3: Varal de memórias

Objetivos:

- facilitar o resgate da memória do grupo, em relação ao curso ou oficina;
- avaliar o percurso individual e em grupo desenvolvido no decorrer do evento educativo.

Material:

- Tarjetas de cartolina, lápis de cera, canetas hidrográficas ou canetas tipo pilot de cores variadas, cordas e prendedores de roupa.

SUSTENTABILIDADE E EDUCAÇÃO

a) Cada pessoa recebe tarjetas coloridas, propondo-se que registre, por meio de desenho e/ou escrita, o que foi mais importante, em sua opinião, em cada período do encontro em que estão (curso, oficina etc.).

b) Montar um grande varal com barbantes presos nas árvores (ou em outro suporte, se for em área interna).

c) Cada pessoa prende seus registros no varal, montando um grande painel com a memória do grupo. Os participantes passeiam ao redor, observando os diferentes registros.

d) Cada pessoa apresenta ao grupo o desenho com o registro de suas vivências, compartilhando dificuldades, conquistas, dúvidas e reflexões.

e) Em roda, sugerir um momento de silêncio para que as pessoas possam internalizar as percepções e os sentimentos ocorridos no decorrer desta vivência.

f) Roda de encerramento: por meio de conversa, as pessoas compartilham percepções sobre as mudanças ocorridas no grupo no decorrer do tempo.

Encerrar a atividade, pedindo que cada pessoa diga uma palavra (deixar que o significado seja escolhido livremente, seja a expressão de um sentimento, desejo ou algum aspecto cognitivo, algo que faltou no curso etc.).

Atividades voltadas para a gestão ambiental

Por último, descrevo dois estudos de caso que nos auxiliam a refletir sobre a especificidade da educação ambiental nos espaços de gestão ambiental. Esse é um procedimento metodológico classicamente utilizado em projetos nos espaços da gestão ambiental pública, como meio de se focar o debate, conhecer profundamente uma realidade e estabelecer estratégias de atuação territorial.

São atividades, dentre os conceitos trabalhados no livro, que permitem vivenciar de modo mais direto a dimensão política do ato educativo, os conflitos ambientais, como se faz a medição destes em espaços públicos, como se explicita e se define a intencionalidade do processo de formação na definição de conteúdos e instrumentos metodológicos, além da pertinência da proposta de educação no processo de gestão ambiental pública para a atuação nesses espaços decisivos, visando à consolidação de uma sustentabilidade democrática.

Estudo de Caso 1: Unidades de conservação

Uma unidade de conservação, categorizada como Reserva Biológica, foi criada em 2002 a partir da demanda de um grupo de cientistas que verificou alto grau de endemismo de anfíbios em uma região florestal montanhosa. Em suas partes mais baixas, onde se localiza a zona de amortecimento da UC, habitam, há pelo menos 100 anos, cerca de 170 famílias de baixa renda, cuja atividade principal consiste na agricultura de subsistência (batata, mandioca, tomate, hortaliças, ervas e frutas) e na criação de porcos e galinhas. Após a criação da reserva, discutiu-se a necessidade de ser criado um programa de educação ambiental para estas famílias.

Inicialmente, conservacionistas argumentaram que a atividade humana na região prejudicava o ambiente natural, pois espécies exóticas foram introduzidas e algumas áreas tiveram de ser desmatadas para o cultivo de horta e para a criação de animais. Havia também a cultura da caça de animais silvestres entre alguns moradores. Assim, concluiu-se que a educação ambiental deveria sensibilizar os moradores para a questão da caça, explicando a função ecológica das espécies. Ao mesmo tempo, deveria apresentar uma alternativa ao cultivo de espécies exóticas, oferecendo cursos de produção de mudas nativas e de artesanato em palha.

A população residente, em princípio, argumentou que sua presença em nada afetou o ambiente natural — pelo contrário, diziam, ajudara a preservar a floresta ("se tá como tá, é porque nossos avós souberam cuidar da terra"). Após a insistência dos ambientalistas, no entanto, muitos aceitaram participar dos cursos acreditando no potencial de geração de renda relatado.

Três anos depois de realizado o curso, um novo gestor foi indicado para administrar a reserva, verificando que os problemas ambientais não só haviam persistido como o conflito entre a população e os ambientalistas havia se agravado. A população local, sem conseguir retorno econômico com as novas atividades, desconfiava das intenções dos ambientalistas, pois estes se comportavam de modo antagônico, denunciando ao órgão fiscalizador qualquer atividade produtiva que pudessem fazer. Os ambientalistas, por sua vez, acusavam os moradores de aumentar a degradação sem se empenhar na busca de soluções, insistindo em atividades nocivas ao ambiente.

O novo gestor, verificando a situação, procurou saber o que havia sido feito para diminuir os conflitos anteriormente existentes. Logo descobriu o programa de educação ambiental, apontando três grandes problemas em sua concepção e execução:

1. Desconsiderou o contexto local, sem problematizar os motivos pelos quais os moradores caçavam;

2. Os cursos oferecidos não foram bem aceitos pela população, pois a produção de mudas não era rentável e tirava os homens do trabalho na roça, prejudicando o abastecimento de suas famílias. O artesanato, por sua vez, não tinha público-consumidor no local;

3. Em nenhum momento, a população foi chamada para opinar sobre o planejamento, o conteúdo e o anda-

mento dos cursos, sendo que apenas a opinião de especialistas em educação ambiental foi levada em consideração, dando poder aos ambientalistas "externos" e tirando a voz dos moradores locais.

Diante destas constatações, e percebendo que não havia um representante dos moradores, por meio de suas organizações comunitárias, no conselho gestor da reserva, o novo gestor convocou uma eleição para a composição de um novo conselho, efetuando uma grande estratégia de mobilização de grupos sociais mais vulneráveis ambientalmente e divulgação em reuniões prévias abertas ao público. A todos, avisou que sua gestão seria marcada por um processo de participação social no diagnóstico, planejamento e execução de atividades.

Se você fosse convidado a pensar um novo Programa de Educação Ambiental relacionado à gestão da reserva, que eixos indicaria como estruturantes do programa? Qual seria o público-alvo? Que tipo de curso pensaria oferecer à população residente? E os ambientalistas, como poderiam ser envolvidos neste processo, buscando um diálogo com a população local?

Estudo de caso 2: Gestão de águas

Um rio com grande volume de água passa por três estados brasileiros. Sendo assim, sua bacia hidrográfica é considerada de responsabilidade federal, e seu comitê de bacia deve ser formado paritariamente por representantes dos três estados. Um dos temas que mais causam polêmica nas reuniões é quando se discute o uso múltiplo das águas deste rio e seus afluentes. O estado localizado mais à montante tem a maior população e também a maior taxa de industrialização do país. Sendo assim, sua demanda por água é muito intensa, tanto para abastecimento quanto para diluição de efluentes.

SUSTENTABILIDADE E EDUCAÇÃO

Os dois estados localizados mais à jusante, por sua vez, estão em um período de franco desenvolvimento industrial, o que faz com que demandem cada vez mais água para os mesmos fins. Somado a esse crescimento de demanda, que envolve a quantidade de água disponível, existe ainda uma reclamação em relação à qualidade da água que chega aos estados após receber efluentes domésticos e industriais de um estado muito grande. Durante as reuniões do comitê, um argumento comumente ouvido é "vocês se desenvolvem, mas quem fica com o ônus disso tudo somos nós! Por que não podemos ter o mesmo direito que vocês?".

Esta situação se agravou recentemente, quando uma indústria ganhou o direito de construir uma barragem para produção privada de energia elétrica para atender às demandas de suas atividades. Os usuários dos estados à jusante reclamam um suposto "privilégio" daqueles localizados à montante; o poder público cobra que os benefícios da instalação desta barragem — recursos obtidos pelo funcionamento da indústria — sejam repartidos da mesma forma que os prejuízos econômicos e ambientais do empreendimento; a sociedade civil que representa os municípios próximos à foz do rio, por sua vez, não se preocupa imediatamente em repartir os benefícios, mas sim em pedir soluções urgentes para a diminuição de vazão verificada, que tem provocado a salinização da água doce devido à invasão do mar e ocasionado alteração na disponibilidade de pescado, fonte de recursos de populações ribeirinhas e pescadores artesanais.

Diante da oposição de interesses verificada — tanto entre os estados quanto entre os diversos membros do comitê de bacia —, estava cada vez mais difícil manter o diálogo nos encontros. Um especialista em gestão de águas, convidado para uma reunião ordinária, observou que os argumentos em favor do desenvolvimento econômico geralmente levavam vantagem sobre aqueles em favor da manutenção da qualidade ambiental e da conservação da pesca. Houve quem falasse que o potencial do rio não se relacionava à atividade pesqueira, sugerindo que o poder público oferecesse cursos técnicos em mecânica, informática e eletricidade para os filhos de pescadores, dando oportunidade para que estes se inserissem no "mercado de trabalho". Os pescadores recusavam este tipo de proposta, afirmando que não aceitavam a imposição de mudar de atividade, pois era o trabalho que definia as formas de ser e viver de suas famílias. Por outro lado, eram chamados de "teimosos", pois alguém tem que ceder em uma situação como esta.

Como a educação ambiental pode atuar na mediação deste tipo de conflito? Se você fosse convidado a intervir neste tipo de discussão, acha que seria possível conciliar interesses tão diversos em um espaço que define a forma de gerir um bem de uso comum? É possível que o poder público adote uma posição de neutralidade?

Glossário

Não tenho a pretensão de fazer um extenso glossário sobre termos e definições de conceitos relativos à questão ambiental, algo que implicaria um trabalho específico e de longo prazo, apoiado em minuciosa pesquisa, para cumprir com êxito tal finalidade, visto a complexidade de conhecimentos de diferentes ciências envoltas com a temática. No entanto, diante dos recorrentes pedidos de explicações conceituais nos inúmeros cursos, palestras, oficinas e exposições distintas feitas em todo o país, apresento quarenta e quatro destes conceitos cuja incidência de dúvidas é grande, definidos aqui livremente por mim. Com isso, objetivo modestamente ajudar na reflexão teórica do leitor, sem repetir conceitos que foram tratados de modo mais sistemático ao longo do corpo do livro.

Alienação: conceito que ficou muito marcado no senso comum como sendo vinculado estritamente ao fator psicológico, mental ou cognitivo. Alienado, nesta perspectiva, com forte tom pejorativo e de julgamento, é aquele que não sabe o que se passa no mundo, um desinteressado pela realidade. Para a tradição crítica, alienada é a relação objetivada no marco do capitalismo, afetando a subjetividade humana. É assim classificada visto que alienar-se significa estranhar-se, não se reconhecer no que produzimos, criamos, na relação com o outro. Isso decorre das formas de expropriação inerentes aos processos de apropriação privada do que geramos e da subsunção do valor de uso ao valor de troca, ou seja, das necessidades humanas aos interesses do mercado. Desse modo, na sociedade atual, todos nós somos em alguma medida, de formas diferenciadas e com mediações específicas, alienados e nos estranhamos em relação ao outro, seja este um produto de nosso trabalho, uma pessoa ou a natureza. De modo categórico, Marx afirma em seus *Manuscritos Econômico-Filosóficos* de 1848: "Já que o trabalho alienado aliena a natureza do homem, aliena o homem de si mesmo, o seu papel ativo, a sua atividade fundamental, aliena do mesmo modo o homem a respeito da espécie; transforma a vida genérica em meio de vida individual. Primeiramente, aliena a vida genérica e a vida individual; depois, muda esta última na sua abstração em objetivo da primeira; portanto, na sua forma abstrata e alienada".

Ambientalismo: ideário e identidade de grupos, redes e movimentos sociais de múltiplas orientações político-ideológicas, tendo como eixo comum a discussão acerca da relação sociedade-natureza. Por essa razão, o ambientalismo é em sua composição diverso, complementar e conflitante.

Ambiente: é sempre uma síntese da dimensão natural e da social. Portanto, o ambiente é um conjunto de relações sociais que estabelecemos entre nós e com a natureza em um determinado espaço e tempo. Logo, o ambiente não é uma categoria dada, mas uma construção que nos situa no mundo e que envolve cultura, economia, valores, conhecimentos, interesses e necessidades materializados em um território.

Atores sociais: conjunto de pessoas que se organizam e atuam de diferentes formas em determinado território, influenciando a dinâmica da área. São geralmente grupos que habitam, trabalham ou usufruem dos recursos do espaço territorial, caracterizando-se como seus principais beneficiários ou vítimas. Os atores sociais podem ser qualificados em diferentes grupos, como faixa etária, socioeconômica, religiosa, cultural, trabalhista etc., ou pelo modo como se organizam. A escolha dos critérios para levantamento dos tipos de atores sociais em determinada localidade depende diretamente da finalidade da investigação.

Autonomia: significa estabelecer condições de escolha em que não haja tutela ou coerção. Ou seja, em que os sujeitos não sejam dependentes de outrem para conhecer e agir, seja o Estado, o partido, uma elite econômica, política ou intelectual, um filantropo ou uma empresa. Isto não significa que formas institucionais não sejam necessárias para a ação em sociedade, pelo contrário, mas sim que tais formas devem se subordinar aos interesses e necessidades dos grupos sociais. Autonomia é uma condição incompatível com coerção (expressão última da alienação na relação eu-outro), e exige organização coletiva para que se viabilize.

Barbárie: conceito complexo e de significados variados. Foi desenvolvido por Karl Marx e utilizado por Rosa Luxemburgo, em ensaio de 1916, para designar o caminho bifurcado em que nos encontramos: socialismo ou barbárie — ganhando grande destaque nos movimentos políticos de esquerda desde então. O sentido de seu lema era: ou rumamos para a materialização de uma nova sociedade (socialismo) ou poderemos nos degenerar diante da brutalidade da força bélica e da exploração do trabalho, da opressão, da coisificação e banalização da vida, da efemeridade das relações interpessoais, da descartabilidade do outro (barbárie).

Bacia hidrográfica: toda área drenada por um determinado curso d'água e seus tributários, delimitada pelos pontos mais altos do relevo (chamados de divisores de água). Leva geralmente o nome de seu rio principal, o qual recebe as águas de seus afluentes, ou da baía onde desembocam os cursos d'água que a compõem. Ex.: Bacia do Rio São Francisco, Bacia do Rio Paraíba do Sul, Bacia do Rio Amazonas etc.

Bioma: conjunto de formações vegetais com características e fisionomias próprias, determinadas pela interação de fatores macroclimáticos — como precipitação, umidade e temperatura — com fatores geoambientais — como relevo, tipo e composição do solo. Os biomas do Brasil são: Amazônia, Caatinga, Campos Sulinos, Cerrado, Mata Atlântica e Pantanal.

Biodiversidade: refere-se a toda a riqueza de espécies da fauna, flora e de microorganismos existentes e suas interações com o meio físico, químico e biológico em que vivem. A diversidade genética também faz parte da biodiversidade, tanto em uma mesma espécie como entre espécies diferentes. O conjunto desses fatores exerce papel fundamental na dinâmica das espécies nos ecossistemas, determinando quais serão as espécies mais abundantes e as mais raras, aquelas que vivem em ambientes mais restritos e aquelas que estão espalhadas em diferentes ambientes.

Cidadania: remete à existência do indivíduo em sociedade, segundo normas estabelecidas no âmbito do Estado e em cada país. Cidadão é aquele que possui direitos reconhecidos e garantidos pelo Estado, responsabilidades pessoais e perante o outro, e que atua politicamente na definição dos rumos que se quer para a vida social.

Ciclos ecológicos: fluxos de matérias e energia em sistemas abertos ou fechados, vitais para a reprodução da vida e da sociedade.

Conflito ambiental: um conflito se configura quando dois ou mais agentes sociais possuem necessidades e interesses antagônicos e divergentes, caracterizados nos processos de uso e apropriação material e simbólica da natureza, acarretando em um posicionamento público pelos envolvidos. Um conflito pode ser entendido também sob um ponto de vista existencial-pessoal, de divergência de opiniões em uma sociedade plural, ou ainda como decorrente de um mau entendimento no processo comunicacional. Contudo, no âmbito da teoria social crítica adotada, sem desconsiderar essas dimensões relevantes, um conflito ambiental refere-se primordialmente a situações antagônicas criadas por uma estrutura social desigual, fundada em processos de apropriação privada da natureza e na expropriação do trabalhador.

Conhecimento: remete à organização lógica de representações, teorias, conceitos e hipóteses e se refere a algo existente. O conhecimento é o que se conhece de outro, permitindo uma determinada ação intencional para atender a certos fins. É a base da ação consciente no mundo.

Conscientização: processo de tomada de consciência (do eu e do mundo) por meio do diálogo, problematização da realidade, reflexão, conhecimento e intervenção nas condições existentes. Não há conscientização de um para o outro, mas entre pessoas que interagem e atuam na realidade. A consciência é que se refere à individualidade.

Conservação ambiental: conjunto de métodos, procedimentos e políticas que visem à proteção em longo prazo das espécies, *habitats* e ecossistemas, além da manutenção dos processos ecológicos, prevenindo a simplificação dos sistemas naturais. (Lei Federal n. 9.985/2000.)

Crítica: princípio epistemológico, teórico e metodológico segundo o qual tudo o que existe pode ser racionalmente questionado, negado, afirmado e superado; e as relações sociais são produtos históricos, portanto, não são imutáveis, podendo ser transformadas pela ação consciente dos agentes sociais. Para a tradição crítica, a possibilidade objetiva de negar algo é condição do próprio movimento de mudança das coisas (princípio da contradição), que se efetiva pela atividade (crítica) de grupos e classes que portam a materialidade superadora dos processos sociais.

Determinação: Determinação significa que resultados de um processo são frutos de mediações múltiplas. Estes resultados, por sua vez, estabelecem condições prévias aos acontecimentos posteriores, estados de permanência, estruturas que permitem afirmar e apreender tendências que se objetivarão ou não na permanente dialética necessidade-liberdade, estrutura-sujeito. Com o entendimento do que é uma determinação, nem o sujeito é livre e tudo o que acontece é aleatório, nem o sujeito está preso a uma relação mecânica com a base econômica, reproduzindo-a passivamente. Em termos ambientais, significa reconhecer que a realidade é complexa, e que não dá para dissociar aspectos sociais dos ecológicos na compreensão dos problemas existentes em um momento histórico específico.

Economia ecológica: área do conhecimento que busca compreender e conhecer as articulações entre a economia (produção-circulação-distribuição-consumo de bens) e os processos sociais a esta associados na apropriação e repartição dos recursos naturais, considerando os fluxos materiais e energético que estabelecem as condições vitais nas quais atuamos.

Ecossistema: conjunto de fatores bióticos e abióticos que se relacionam entre si e constituem determinada região, formando um sistema com equilíbrio dinâmico e com características e fisionomias específicas.

SUSTENTABILIDADE E EDUCAÇÃO

Educação: prática social cujo fim é o desenvolvimento humano naquilo que pode ser aprendido e recriado a partir dos diferentes saberes existentes em uma cultura, de acordo com as necessidades e exigências de uma sociedade. Atua tanto no desenvolvimento da produção social, inclusive dos meios instrumentais e tecnológicos de atuação no ambiente, quanto na construção e reprodução dos valores culturais. É por isso que normalmente à educação se associam palavras e conceitos como: ensino, aprendizagem, sensibilização, mobilização, organização, diálogo, reflexão, conhecimento, atitudes, comportamentos e habilidades. Nenhum destes é suficiente em si mesmo, mas todos são indispensáveis para que o processo educativo ocorra.

Emancipação: refere-se aos processos individuais e coletivos de busca de liberdade e autonomia, com o objetivo de ampliar as possibilidades pessoais de realização e o potencial criador humano. Isso implica a luta social pela superação das formas de exploração, dominação e opressão (de classe, gênero, etnia, geracional entre outras). No caso da sociedade capitalista vigente, significa fundamentalmente a supressão de todas as formas de expropriação inerentes ao seu modo de produção.

Externalidade: conceito muito utilizado em economia, principalmente nas abordagens clássicas e neoclássicas, e basicamente se refere aos efeitos positivos ou negativos decorrentes das atividades de produção e consumo que afetam terceiros (não participantes da tomada de decisão sobre tais atividades). Atualmente há um conjunto de possibilidades regulatórias das chamadas externalidades por parte do Estado e várias propostas que procuram incorporá-las ao cálculo econômico e aos custos da produção, minimizando o impacto ambiental e racionalizando o uso de materiais e de energia no processo produtivo. A crítica a esta tentativa, que possui indiscutíveis efeitos positivos do ponto de vista da redução de gastos materiais e energéticos, decorre do fato de que a incorporação das externalidades sempre se dá sob a ótica do mercado, o que não permite a superação de conflitos de uso e distributivos que são próprios de uma sociedade de classes.

Fator limitante: qualquer atributo ambiental que serve como parâmetro empírico, o qual, ao ocorrer abaixo do seu ótimo, impede um organismo de desenvolver seu potencial biológico.

Forças produtivas: Conjunto de elementos que permitem o processo de trabalho. Esse conjunto é composto por: *meios de trabalho* (o que permite a realização do trabalho — ferramentas, instrumentos, e também a terra enquanto meio universal); *objetos de trabalho* (tudo sobre o qual incide o trabalho — recursos naturais modificados ou não pela ação humana); *força de trabalho* (energia humana despendida para o processo de trabalho). As forças produtivas operam sob relações entre os seres humanos e a natureza e entre estes que são historicamente determinadas. Tal conjunto de relações sociais e forças produtivas constituem as relações de produção.

Formação humana: pressuposto básico de uma ontologia que entende que o ser humano só se define enquanto tal ao se constituir socialmente. Ou seja, não nascemos prontos, mas nos constituímos enquanto sujeito pelo conjunto de relações que estabelecemos e sintetizamos ao longo da vida. Formarmo-nos como pessoa significa incorporarmos em nossas subjetividades valores, condutas, conhecimentos e ideias criados pelas gerações anteriores e retrabalhados por cada um de nós. Isso implica reconhecer que a formação tem na educação institucionalizada um componente forte na sociedade atual, mas que outros processos sociais também são indispensáveis (atuação em movimentos sociais, vida comunitária e familiar, atividades coletivas várias etc.).

Gestão ambiental: classicamente é pensada no sentido da administração racional de recursos e processos com base em técnicas e no conhecimento científico. Contudo, aqui se adota uma definição mais ampla, que admite esta dimensão técnico-gerencial, mas a situa no plano das relações político-institucionais e societárias. Assim, pode ser entendida enquanto processo de mediação de conflitos entre atores sociais que agem no ambiente. As mediações feitas, ao se institucionalizar conflitos e legitimar acordos, sob determinado marco legal e regulatório, definem como cada ator social altera a qualidade do ambiente e como se distribuem os custos e benefícios decorrentes de suas ações.

Impacto ambiental: uma alteração das propriedades do ambiente, causada por qualquer forma de matéria ou energia resultante das atividades humanas que, direta ou indiretamente, afetam: 1) a saúde, a segurança e o bem-estar da população; 2) as atividades sociais e econômicas; 3) a biota; 4) as condições estéticas e sanitárias do ambiente; 5) a qualidade dos recursos ambientais (Res. CONAMA n. 01/86). Os impactos ambientais podem ser positivos ou negativos.

Informação: é o que resulta do processamento e organização de dados, gerando uma alteração significativa (de intensidade ou qualidade) em quem a recebe, seja pessoa, máquina, sistema social, ecossistema etc. Logo, a informação não é o conhecimento. A informação é a base para a produção do conhecimento, mas não se confunde com ele.

Justiça Ambiental: Movimento que se inicia nos EUA nos anos 1980 e que se consolidou no Brasil na década de 2000. Em seu manifesto de lançamento, a Rede Brasileira de Justiça Ambiental assim apresentou o conceito: "Entendemos por injustiça ambiental o mecanismo pelo qual sociedades desiguais, do ponto de vista econômico e social, destinam a maior carga dos danos ambientais do desenvolvimento às populações de baixa renda, aos grupos raciais discriminados, aos povos étnicos tradicionais, aos bairros operários, às populações marginalizadas e vulneráveis. Por justiça ambiental, ao contrário, designamos o conjunto de princípios e práticas que: a) asseguram que nenhum grupo social, seja ele étnico, racial ou de classe, suporte uma parcela desproporcional das consequências ambientais negativas de operações econômicas, de decisões de políticas e de programas federais, estaduais, locais, assim como da ausência ou omissão de tais políticas; b) asseguram acesso justo e equitativo, direto e indireto, aos recursos ambientais do país; c) asseguram amplo acesso às informações relevantes sobre o uso dos recursos ambientais e a destinação de rejeitos e localização de fontes de riscos ambientais, bem como processos democráticos e participativos na definição de políticas, planos, programas e projetos que lhes dizem respeito; d) favorecem a constituição de sujeitos coletivos de direitos, movimentos sociais e organizações populares para serem protagonistas na construção de modelos alternativos de desenvolvimento, que assegurem a democratização do acesso aos recursos ambientais e a sustentabilidade do seu uso".

Mobilização social: capacidade de organização e atuação coletiva de grupos, intervindo na vida política, cultural e econômica de um território. A mobilização ocorre em função de temas, necessidades imediatas ou projetos estratégicos de mudança da estrutura social ou defesa de direitos e culturas.

Movimentos sociais: é uma forma de ação coletiva estabelecida por um conjunto de ações e atores sociais, em que a identidade entre estes se estabelece a partir de um sentimento de injustiça em relação a algo e de afirmação de direitos e manifestações culturais específicas. Isso implica a luta cidadã cotidiana (sociabilidade calcada no respeito ao outro) e a luta política por uma nova forma de sociedade, na qual as relações de expropriação, preconceito e dominação sejam suprimidas.

Populações e comunidades tradicionais: são aquelas cuja sobrevivência está baseada em atividades produtivas de subsistência e formas de propriedade comunais ou coletivizadas. Suas principais características são: transmissão intergeracional do conhecimento e da cultura (costumes, valores e condutas); dependência direta dos recursos naturais e de seus ciclos para a reprodução do seu modo de vida; uso de tecnologias de baixo impacto ambiental; relações econômicas e sociais coletivizadas; e dependência parcial de mercados locais. No Brasil, o Decreto n. 6.040, de 7 de fevereiro de 2007, que institui a Política Nacional de Desenvolvimento Sustentável dos Povos e Comunidades Tradicionais, conceitua estes grupos como: "os grupos sociais culturalmente diferenciados e que se reconhecem como tais, que possuem formas próprias de organização social, que ocupam e usam territórios e recursos naturais como condição para sua reprodução cultural, social, religiosa, ancestral e econômica, utilizando conhecimentos, inovações e práticas gerados e transmitidos pela tradição".

Potencialidade ambiental: conjunto de atributos de um ecossistema (recursos ambientais) ou culturais passíveis de uso sustentável por grupos sociais.

Práxis: pode ser entendida como atividade intencionada que revela o humano como ser social e autoprodutivo — ser que é produto e criação de sua atividade no mundo e em sociedade. É ato, ação e interação. É pela práxis que a espécie se torna gênero humano, assim, junto às suas objetivações primárias de ação transformadora da natureza (trabalho), o ser social se realiza nas objetivações (materiais e simbólicas) da ciência, da arte, da filosofia, da religião, entre outros processos comunicacionais e interativos que permitem a produção da cultura.

Preservação ambiental: o manejo do uso humano da natureza, compreendendo a preservação, a manutenção, a utilização sustentável, a restauração e a recuperação do ambiente natural, para que possa produzir o maior benefício, em bases sustentáveis, às atuais gerações, mantendo seu potencial de satisfazer as necessidades e aspirações das gerações futuras, e garantindo a sobrevivência dos seres vivos em geral (Lei n. 9.985/00).

Problema ambiental: caracteriza-se quando há a identificação do risco e/ou dano socioambiental decorrente de determinado uso, podendo haver diferentes tipos de reação face a ele por parte dos atingidos, de outros agentes da sociedade civil e do Estado.

Recursos ambientais: este termo, de conotação utilitarista, refere-se aos componentes da natureza dos quais dependemos para sobreviver. Segundo a Lei n. 6.938/81, eles são: a atmosfera, as águas interiores, superficiais e subterrâneas, os estuários, o mar territorial, o solo, o subsolo, os elementos da biosfera, a fauna e a flora. Os recursos ambientais, por meio do trabalho humano, dão origem a diversos produtos e mercadorias, mas eles também prestam diversos serviços inestimáveis à sociedade tais como: regulação do clima, produção de oxigênio, recarga de aquíferos, depuração da qualidade da água e fertilização do solo.

Riscos ambientais: são perigos prováveis e em certa medida previsíveis, decorrentes de atividades vinculadas à cadeia produtiva, cuja percepção está em função da posição social que cada grupo ou pessoa ocupa. A percepção técnica do risco ambiental tende a ser diferente da percepção dos

SUSTENTABILIDADE E EDUCAÇÃO

grupos comunitários, o que, pensando em termos de educação ambiental, exige diálogo e capacidade de compreensão mútua para que seja determinado de modo o mais preciso possível.

Sensibilização: um dos conceitos mais utilizados e, ao mesmo tempo, mais imprecisos que existem na educação. Para uns, refere-se ao tornar sensível pela emoção; para outros se refere a um processo inicial de transmissão de informações que faça com que o outro fique mais atento acerca de algo; outros tantos generalizam como qualquer processo que resulte em apropriação pelos sentidos, o que envolve transmissão, construção e compreensão de informações. Na Educação Ambiental normalmente se utiliza nos dois primeiros sentidos, mas sem que haja muita clareza das implicações disso. Enfim, é um conceito que se for utilizado como objetivo exige que quem o escolheu diga claramente o que se pretende com isso.

Socialização: há pelo menos três dimensões inerentes ao conceito. A primeira, mais comum às teorias educacionais, refere-se à necessidade de se criar um ambiente para as pessoas no qual estas possam aprender uma língua, condutas validadas pela sociedade em que se encontra, hábitos necessários à atividade prática cotidiana, regras morais, entre outras interações indispensáveis para o desenvolvimento das capacidades de comunicação, raciocínio, trabalho e criação, que nos transformam em seres humanos. A segunda, de cunho negativo, pensa a socialização no marco concreto e histórico. Logo, dialeticamente, ao mesmo tempo que é condição da humanização pode ser fonte de heteronomia, de falta de autonomia, ao se estabelecer processos institucionais validados de transmissão de valores, culturas, normas e pensamentos de forma rígida e opressora. A terceira dimensão remete ao componente econômico. Socializar aí significa a transformação da propriedade privada capitalista em propriedade social.

Sociobiodiversidade: conceito que parte do reconhecimento de que a manutenção da diversidade biológica está ligada à preservação da diversidade cultural e de modos de vida e de produção que sejam compatíveis com a sustentabilidade (as denominadas etinicidades ecológicas), e de que, por sua vez, esta diversidade humana se constituiu historicamente nas relações que os grupos sociais estabeleceram com os ecossistemas em dado território, em um movimento de mútua determinação. Ou seja, a garantia da diversidade cultural e biológica depende da promoção das interações entre culturas, modos sustentáveis de produzir e natureza. Para uma abordagem que defende a sociobiodiversidade, a proteção da biodiversidade se vincula à urgência de se reconhecer que a vida é diversa e que o diverso é condição para a vida humana. E respeitá-la enquanto tal é uma exigência ética e uma necessidade para perpetuar a reprodução da existência material em sociedade. Logo, falar em sociobiodiversidade é falar em biodiversidade e em diversidade cultural, em justiça social e em sustentabilidade, e seus nexos.

Territorialidade: conjunto de atributos político-institucionais (Estado), econômicos (modo de produção), culturais (universo subjetivo e simbólico) e ecossistêmicos, cujas relações são espacialmente referenciadas e constitutivas dos lugares e territórios.

Trabalho: mediação ontologicamente necessária entre o ser humano e a natureza; atividade que implica dispêndio de energia, pela qual produzimos meios e objetos que nos permitem sobreviver e a partir da qual estruturamos a vida social em múltiplas relações com outras dimensões da existência humana. Contudo, o trabalho não pode ser definido apenas sob o enfoque da constituição do ser social (ontológico). Deve ser lido sob o prisma histórico também. Nesse sentido, se o trabalho é determinação para nossa constituição e satisfação,

SUSTENTABILIDADE E EDUCAÇÃO

o modo como operam as relações no capitalismo definem um trabalho alienado, desumanizador, que precisa ser superado na busca do trabalho livre, colaborativo.

Vulnerabilidade socioambiental: conceito construído para permitir a identificação e classificação de grupos: em maior dependência direta dos recursos naturais para trabalhar e melhorar suas condições de vida; excluídos do acesso a outros bens públicos; e ausentes de participação em processos decisórios de políticas públicas que interferem na qualidade do local em que vivem.

Referências bibliográficas

ALIER, J. M. *O ecologismo dos pobres*: conflitos ambientais e linguagens de valoração. São Paulo: Contexto, 2008.

_____. *Da economia ecológica ao ecologismo popular*. 3. ed. Blumenau: FURB, 1998.

ALVES, D. e PERALVA, L. M. *Olhar perceptivo*: percepção, corpo e meio ambiente. Brasília: IBAMA, 2010.

ANTUNES, R. *Adeus ao trabalho?* Ensaio sobre as metamorfoses e a centralidade do mundo do trabalho. 10. ed. São Paulo: Cortez, 2005.

BOURDIEU, P. *O poder simbólico*. Rio de Janeiro: Bertrand Brasil, 2007.

_____. *A economia das trocas simbólicas*. 6. ed. São Paulo: Perspectiva, 2005.

CARVALHO, I. C. de M. *Educação ambiental*: a formação do sujeito ecológico. São Paulo: Cortez, 2004.

CASTELLS, M. *O poder da identidade*. São Paulo: Paz e Terra, 1999.

CASTORIADIS, C. e COHN-BENDICT, D. *Da Ecologia à autonomia*. São Paulo: Brasiliense, 1981.

CHAUI, M. *O que é ideologia*. 8ª reimpressão da 2. ed., São Paulo: Brasiliense, 2006.

CHAUI, M. La historia en el pensamiento de Marx. In: BORÓN, A.; AMADEO, J. e GONZÁLEZ, S. (Orgs.) *La teoría marxista hoy*: problemas y perspectivas. Buenos Aires: CLACSO, 2006a.

CHESNAIS, F. *A mundialização do capital*. São Paulo: Xamã, 1996.

COUTINHO, C. N. A democracia na batalha das ideias e nas lutas políticas do Brasil hoje. In: FÁVERO, O. e SEMERARO, G. (Orgs.) *Democracia e construção do público no pensamento educacional brasileiro*. Petrópolis: Vozes, 2002.

DAGNINO, E. Sociedade civil, participação e cidadania: do que estamos falando? In: MATO, D. (Org.). *Políticas de ciudadanía y sociedad civil en tiempos de globalización*. Caracas: Faces, 2004.

DEMO, P. *Participação é conquista*. São Paulo: Cortez, 1988.

DUPUY, J. P. *Introdução à crítica da ecologia política*. Rio de Janeiro: Civilização Brasileira, 1980.

DUSSEL, E. *20 teses de política*. Buenos Aires: CLACSO; São Paulo: Expressão Popular, 2007.

FAIRCLOUGH, N. *Discurso e mudança social*. 2. ed. Brasília: Editora da Universidade de Brasília, 2008.

FAORO, R. *Os donos do poder*. São Paulo: Globo, 2001.

FAUSTO, R. *Marx. Lógica e política II*. São Paulo: Brasiliense, 1987.

_____. *Marx. Lógica e política III*. São Paulo: Editora 34, 2002.

FOLADORI, G. Degradação ambiental no socialismo e no capitalismo. São Paulo, *Revista Outubro*, n. 13, segundo semestre de 2005.

_____. *Limites do desenvolvimento sustentável*. Campinas: Edunicamp, 2001.

FONTES, V. Sociedade civil no Brasil contemporâneo: lutas sociais e luta teórica na década de 1980. In: LIMA, J. C. F. e NEVES, L. M. W. (Orgs.) *Fundamentos da educação escolar do Brasil contemporâneo*. Rio de Janeiro: Editora da Fiocruz, 2006.

FOSTER, J. B. *Ecology against capitalism*. New York: Monthly Review Press, 2002.

FREIRE, P. *Pedagogia do oprimido*. 5. ed. Rio de Janeiro: Paz e Terra, 1978.

FREITAS, L. C. de. *Uma pós-modernidade de libertação*: reconstruindo esperanças. Campinas: Autores Associados, 2005.

GORZ, A. *Ecologia e política*. Lisboa: Notícias, 1976.

HARVEY, D. *Espaços de esperança*. São Paulo: Loyola, 2005.

_____. *O novo imperialismo*. São Paulo: Edições Loyola, 2004.

HOUTART, F. Los movimientos sociales y la construcción de un nuevo sujeto histórico. In: BORON, A.; AMADEO, J.; GONZÁLEZ, S. (Orgs.). *La teoría marxista hoy*: problemas y perspectivas. Buenos Aires: CLACSO, 2006.

KOVEL, J. *The enemy of nature*: the end of capitalism or the end of the world? London: Zed Books, 2008.

LEHER, R. Iniciativa para a integração da infraestrutura regional da América Latina, plano de aceleração do crescimento e questão ambiental: Desafios Epistêmicos. In: LOUREIRO, C. F. B. (Org.). *A questão ambiental no pensamento crítico*: natureza, trabalho e educação. Rio de Janeiro: Quartet, 2007.

LIMA, G. F. da C. *Formação e dinâmica do campo da educação ambiental no Brasil*: emergências, identidades e desafios. Tese de doutorado. Campinas: Unicamp, 2005.

LITTLE, P. *Territórios sociais e povos tradicionais no Brasil*: por uma antropologia da territorialidade. Brasília: Departamento de Antropologia da UnB, 2002.

LOUREIRO, C. F. B. *Trajetória e fundamentos da educação ambiental*. 3. ed. São Paulo: Cortez, 2009.

_____. "Educação ambiental e 'teorias críticas'". In: GUIMARÃES, M. (Org.). *Caminhos da educação ambiental*: da forma à ação. 3. ed. Campinas: Papirus, 2008.

_____. Problematizando conceitos: contribuição à práxis em educação ambiental. In: LOUREIRO, C. F. B.; LAYRARGUES, P. P. e

CASTRO, R. S. de. *Pensamento complexo, dialética e educação ambiental.* São Paulo: Cortez, 2006.

_____. *O movimento ambientalista e o pensamento crítico:* uma abordagem política. 2. ed. Rio de Janeiro: Quartet, 2006a.

_____. Educar, participar e transformar em educação ambiental. *Revista Brasileira de Educação Ambiental*, v. 1, n. 1, Brasília, 2004.

LOUREIRO, C. F. B.; AZAZIEL, M. e FRANCA, N. *Educação ambiental e conselho em unidades de conservação:* aspectos teóricos e metodológicos. Rio de Janeiro: Ibase, 2007.

LÖWY, M. *Ecologia e socialismo.* São Paulo: Cortez, 2005.

_____. (Org.). *Écologie et socialisme.* Paris: Syllepse, 2005a.

LUKÁCS, G. *Prolegômenos:* para uma ontologia do ser social. São Paulo: Boitempo, 2010.

MANSHOLT, S.; MARCUSE, H. et alii. *Ecologia:* caso de vida ou de morte. Lisboa: Moraes, 1973.

MARCUSE, H. *A ideologia da sociedade industrial.* Rio de Janeiro: Zahar, 1967.

MARX, K. *O dezoito brumário de Louis Bonaparte.* São Paulo: Centauro, 2003.

_____. *A ideologia alemã.* São Paulo: Hucitec, 1987.

MÉSZÁROS, I. *O desafio e o fardo do tempo histórico.* São Paulo: Boitempo, 2008.

_____. *Para além do capital.* São Paulo: Boitempo, 2002.

_____. *Produção destrutiva e estado capitalista.* São Paulo: Ensaio, 1989.

MONTAÑO, C.; DURIGUETTO, M. L. *Estado, classe e movimentos sociais.* São Paulo: Cortez, 2011.

NETTO, J. P.; BRAZ, M. *Economia política:* uma introdução crítica. São Paulo: Cortez, 2006.

O'CONNORS, J. Es posible el capitalismo sostenible? In: ALIMON-DA, H. (Org.). *Ecología política*: naturaleza, sociedad y utopia. Buenos Aires: CLACSO, 2002.

OLIVEIRA, E. M. de. *Cidadania e educação ambiental*: uma proposta de educação no processo de gestão ambiental. Brasília: Edições Ibama, 2003.

ORGANICISTA, J. H. *O debate sobre a centralidade do trabalho*. São Paulo: Expressão Popular, 2006.

PADILHA, V. *Shopping Center*: a catedral do consumo. São Paulo: Boitempo, 2007.

PORTO-GONÇALVES, C. W. Geografia da riqueza, fome e meio ambiente: pequena contribuição crítica ao atual modelo agrário/agrícola de uso dos recursos naturais. *Inter Thesis*, Florianópolis, 2004.

_____. Natureza e sociedade: elementos para uma ética da sustentabilidade. In: QUINTAS, J. S. (Org.) *Pensando e praticando a educação ambiental na gestão do meio ambiente*. Brasília: IBAMA, 2000.

PROGREBINSCHI, T. *O enigma do político*: Marx contra a política moderna. Rio de Janeiro: Civilização Brasileira, 2009.

PRZEWORSKY, A. *Capitalismo e social-democracia*. São Paulo: Companhia das Letras, 1989.

_____. *Estado e economia no capitalismo*. Rio de Janeiro: Relume-Dumará, 1995.

QUINTAS, J. S. (Org.). Pensando e praticando a educação ambiental na gestão do meio ambiente. Brasília: IBAMA, 2000.

QUINTAS, J. S. Educação no processo de gestão ambiental pública: a construção do ato pedagógico. In: LOUREIRO, C. F. B.; LAYRARGUES, P. P.; CASTRO, R. S. (Orgs.) *Repensar a educação ambiental*: um olhar crítico. São Paulo: Cortez, 2009.

_____. Educação no processo de gestão ambiental: uma proposta de educação ambiental transformadora e emancipatória. In: LAYRARGUES, P. P. (Org.) *Identidades da educação ambiental brasileira*. Brasília: DEA/MMA, 2004.

SACHS, I. *Dilemas e desafios do desenvolvimento sustentável*. Rio de Janeiro: Garamond, 2007.

_____. *Caminhos para o desenvolvimento sustentável*. Rio de Janeiro: Garamond, 2002.

_____. *Ecodesenvolvimento*: crescer sem destruir. São Paulo: Vértice, 1986.

SADER, E. (Org.). *Contragolpes*: seleção de artigos da New Left Review. São Paulo, Boitempo, 2006.

SAVIANI, D. *A pedagogia no Brasil*: história e teoria. Campinas: Autores Associados, 2008.

SILVA, R. F. B. *Lavapés, água e vida*: nos caminhos da educação ambiental. São Paulo: editora Lar Anália Franco, 2008.

SOUSA SANTOS, B. Os novos movimentos sociais. In: LEHER, R. e SETÚBAL, M. (Orgs.). *Pensamento crítico e movimentos sociais*: diálogos para uma nova práxis. São Paulo: Cortez, 2005.

_____. Reinventar a democracia: entre o pré-contratualismo e o pós-contratualismo. In: HELLER, A. (Org.). *A crise dos paradigmas em ciências sociais e os desafios do século XXI*. Rio de Janeiro: Contraponto, 1999.

THOMPSON, E. P. *A formação da classe operária inglesa*. Rio de Janeiro: Paz e Terra, 2002.

VEIGA, I. P. A. *Projeto político-pedagógico da escola*: uma construção possível. Campinas: Papirus, 1995.

ZHOURI, A.; LASCHEFSKI, K.; PEREIRA, D. B. (Orgs.) *A insustentável leveza da política ambiental*: desenvolvimento e conflitos socioambientais. Belo Horizonte: Autêntica, 2005.